<<<<<<<< 国家林业和草原局经济发展研究中心 ▣主编

气候变化、生物多样性和荒漠化问题

动态参考 年度辑要

2018

中国林业出版社

图书在版编目（CIP）数据

气候变化、生物多样性和荒漠化问题动态参考年度辑要 . 2018 ／ 国家林业和草原局经济发展研究中心主编 . —北京：中国林业出版社，2019. 10

ISBN 978-7 – 5219-0314-0

Ⅰ . ①气… Ⅱ . ①国… Ⅲ . ①气候变化 – 对策 – 研究 – 世界 ②生物多样性 – 生物资源保护 – 对策 – 研究 – 世界 ③沙漠化 – 对策 – 研究 – 世界 Ⅳ . ①P467 ②X176 ③P941. 73

中国版本图书馆 CIP 数据核字（2019）第 235388 号

出版　中国林业出版社（100009　北京西城区刘海胡同 7 号）
发行　中国林业出版社 （电话：010 – 83223120）
印刷　北京中科印刷有限公司
版次　2019 年 11 月第 1 版
印次　2019 年 11 月第 1 次
开本　787mm×1092mm　1/16
印张　8. 25
字数　170 千字
定价　68. 00 元

编委会

　　党的十九大提出要加快生态文明体制改革，建设美丽中国，开展国土绿化行动，推进荒漠化、石漠化、水土流失综合治理，强化湿地保护和恢复，完善天然林保护制度，扩大退耕还林还草，建立以国家公园为主体的自然保护地体系。2018年3月，中共中央印发了《深化党和国家机构改革方案》（以下简称《方案》）。《方案》提出为加大生态系统保护力度，统筹森林、草原、湿地监督管理，加快建立以国家公园为主体的自然保护地体系，保障国家生态安全，组建国家林业和草原局，加挂国家公园管理局牌子。负责监督管理森林、草原、湿地、荒漠和陆生野生动植物资源开发利用和保护，组织生态保护和修复，开展造林绿化工作，管理国家公园等各类自然保护地等。

　　党的十九大和机构改革为林草发展提出了新要求，赋予了新使命，提供了新机遇。这就要求林草系统准确领会习近平新时代中国特色社会主义思想和习近平生态文明思想，全面掌握总书记关于社会主义生态文明建设立意高远、内涵丰富、思想深刻的重要论述，推动我国生态文明建设迈上新台阶。

　　国家林业和草原局党组要求认真贯彻落实习近平总书记的重要指示批示，加强学习，大兴调查研究之风，把调查研究作为培育和弘扬良好学风的重要途径，引导广大林草工作者在深入实践中学习，在总结经验中提高。按照局党组的要求，局经济发展研究中心从2007年起编发《气候变化、生物多样性和荒漠化问题动态参考》（以下简称《动态参考》），以气候变化、生物多样性和荒漠化治理问题为重点，密切跟踪国内外林草建设和生态治理进程，搜集、整理和分析重要政策信息，为广大林草工作者提供一个跟踪动态、了解信息、学习借鉴的平台。2018年，《动态参考》汇集了近百份有价值的重要信息资料，主要集中在五方面：一是国家公园及自然保护地，重点关注国外国家公园及自然保护地建设的最新进展，包括机构设置、资金投入和运营管理等；二是草原管理，重点关注发达国家草原管理经验；三是林业维护生态安全，重点关注林业在维护基本生态安全、应对气候变化、遏制土地退化、保护生物多样性等方面的国际进展、成功案例和有效做法；四是林业公约动态和报告，重点林业相关国际公约和最新报告的进展情况，以及各国在林业政策规划、资源保护、投融资等方面的着力点和创新点等；五是林业财税政策和生态产品，重点关注最新林业财税政策和绿色生态产品发展趋势等。这些信息必将对广大林业工作者开拓国际视野、指导当前工作起到参考作用。

根据各方的要求和建议，国家林业和草原局经济发展研究中心将2018年《动态参考》整理汇编，形成了一本内容全面、重点突出、资料详实、剖析深入的年度辑要，集中展现了林草生态治理的重要政策信息和理论创新成果。今后，在各方的支持下，《动态参考》及其年度辑要，会常办常新、越办越好，使广大林业工作者及时了解国内外林草建设和生态治理的进程动态和政策信息，从中学习借鉴好经验、好做法，为建设生态文明和美丽中国作出新的更大的贡献。

编者

2019 年 8 月

目　录

第一篇

国家公园及自然保护地

美国国家公园管理机构设置详解

一、最新概况

美国国家公园服务局（National Park Service，简称 NPS）成立于 1916 年，目前管理着国家公园系统中至少 19 类共 417 处国家公园单位，其中包括 59 个国家公园、87 个国家纪念碑、129 个历史公园、25 个军事公园和战斗遗址、还包括若干户外娱乐地、海岸、公园小径、湖岸、保护区等，累计管辖面积约 34 万平方公里，其中面积最大的是 Wrangell-St. Elias 国家公园，为 5.3 万平方公里。此外，NPS 还通过提供技术和经费等合作项目管理着国家公园系统以外的 23 个国家景观和历史步道、60 条原野和景观河流等。截至 2017 年，NPS 拥有终身、临时和季节性雇员 2.2 万余名，志愿者 33.9 万余名。2017 财年预算为 29.32 亿美元，创造就业岗位 31.8 万个，2016 年国家公园吸引游客 3.31 亿人次，对美国经济贡献约 350 亿美元。目前美国国家公园包含了至少 247 种濒危动植物，拥有世界上最大的食肉动物——阿拉斯加棕熊，世界最大的生物——巨型红杉树等。

特许经营是 NPS 运营管理的重要组成部分。目前 NPS 在超过 100 处管辖地拥有 500 余份特许经营合同，经营范围主要是为游客提供食物、交通、住宿、购物以及其他服务。特许经营者雇佣约 2.5 万人，累计财政收入为 13 亿美元/年，其中上缴政府 8000 万美元。

公私伙伴关系 PPP 蓬勃发展。目前 NPS 与超过 150 个非盈利组织建立了伙伴关系，这些组织贡献时间和专业知识，同时每年为全国范围内的国家公园提供了超过 5000 万美元的资金。国家公园基金会（National Park Foundation）是 NPS 重要的非盈利伙伴之一，帮助筹集私人捐款，过去 7 年基金会提供了 1.2 亿美元支持公园的工程项目。NPS 还有超过 70 个合作社（cooperating associations）在公园内出售相关纪念品等，每年为 NPS 提供 7500 万美元资金。

收费标准较低。目前共有 126 处 NPS 管辖点收取门票，占全部管辖点的 30%，票价介于 5~30 美元之间，其中 16 岁以下儿童和永久残障人士可以免费入园，62 岁及以上老人享受 10 美元畅游全部国家公园的优待政策，对普通民众也有 80 美元的年票。门票收入主要用于提高服务质量、改善基础设施和设备等。

二、机构设置详解

NPS 隶属于美国内政部，对内政部分管渔业、野生动物和公园的副部长（Assistant Secretary for Fish, Wildlife and Parks）负责。NPS 机构分为四级，即（总）局—分局—司（中心或办公室）—处（与国内机构级别并不一一对应，译者注），局领导班子由一名局长和三名副局长构成。局长（Director）由美国总统提名，经国会通过后即可上任，局长全面主持局工作，包括项目、政策、预算管理，主要分管办公厅（下设政策办公室）、平等就业办公室、资深科学顾问。三名副局长（deputy director）向局长负责，分别分管国会和对外关系、运营、行政和管理。局下设 23 个分局（21 个正局级、2 个副局级），包括 7 个分局级的区域办公室。分局下设 120 余个司（中心或业务办公室），司（中心或业务办公室）下设具体业务处室。局和分局组织结构如图 1 所示。

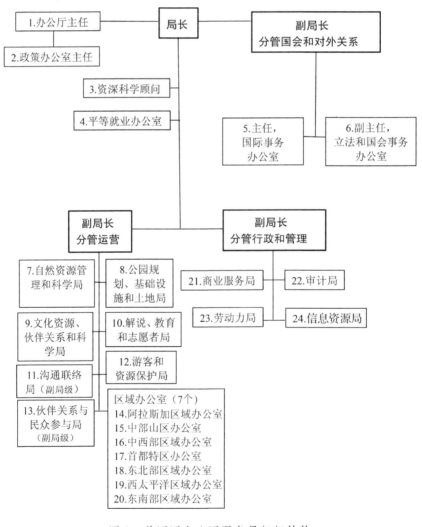

图 1　美国国家公园服务局组织结构

分局及下设司(中心或办公室)具体机构和职能介绍如下：

1. 办公厅

下设局政策办公室。

2. 政策办公室

主要职能有三项：一是政策，就政策事宜为局长提供咨询和支持，主要负责准备、制定、分析、审查、协调、宣传 NPS 政策，行政管理，审查重要计划和提案的政策遵循情况；二是委员会管理，管理协调所有咨询委员会(advisory committee)和运营委员会(operation committee)的章程以及任命(程序)；三是地理名称代表，在美国地理名称委员会代表 NPS，在地理命名过程中提供服务范围内的指导和协调。

3. 资深科学顾问

由局长直接任命，主要负责为局长提供科学政策和项目意见建议。

4. 平等就业办公室

处理平等就业问题。

5. 国际事务办公室(分局级)

开展国际合作交流项目，提供援助，充分利用美国其他行业以及全球伙伴的金融和其他资源，推进实现美国外交政策目标等。

6. 立法和国会事务办公室(分局级)

负责制定和实施战略以推进 NPS 的立法举措和与国会有关的其他利益。具体包括：在证言、声明、意见函中阐述 NPS 对国会提交立法的法律立场；在国会听证会上为 NPS 证人的出现提供便利；协调 NPS 回应国会委员会监督请求及个别国会议员的其他询问。这些职能对 NPS 维系与国会合作和富有成效的关系非常重要。

7. 自然资源管理和科学局

下设 12 个司、中心或业务办公室。

(1)清查监测司　主要职能有三项。一是清查，调查自然资源例如植物、动物、空气、水、土壤和地质资源的位置和状况，为后续监测提供参考和比较；二是监测，对上述自然资源进行多年重复监测，从物种、栖息地、景观和非生物因素(例如水、空气和土壤等)方面判断生态系统健康与否，重要监测指标包括天气和气候、水质、入侵物种、鸟类、植被、水生大型无脊椎动物、火灾、土壤功能和活性、虫害、海岸特征等；三是建立清查监测网络，基于区位和自然资源特征，将各地的国家公园分成 32 组，每组内的清查和监测人员在一起工作，实现数据共享、共同计划并实施清查工程和长期监测。

(2)空气资源司　下设两个处：政策、规划和准入审查处、研究和监测处。该司主要职能是与公园和 NPS 其他司(中心或办公室)共同监测空气质量，并开展空气污染来源和影响研究。另外由于公园内的空气污染主要来自公园边界以外，因此空气资源司与空气监管机构、行业和其他利益相关方建立伙伴关系，以减少污染。公园自身也在通过环境管理体系和可持续运营来减少空气污染，例如交通运输，以及采用能源效率和替代能源。

（3）生物资源司　下设四个处：资源教育和伙伴处、景观恢复和适应处、野生动物保护处、野生动物健康处。该司主要职责是提供涉及生物资源科学和政策的观点和专业知识，选择和实施保护生物资源的新方法。

（4）应对气候变化项目办公室　主要在四个领域提供指导、知识技术培训、项目资助和教育产品，分别是利用科学帮助公园应对气候变化，适应不确定的未来，减轻或减少碳足迹，向公众和 NPS 雇员传达气候变化的信息。

（5）环境质量司　下设四个处：环境信息管理处、环境规划监理处、资源保护处、社会科学处。主要职责是协助管理国家环境政策法案（NEPA）规划，协调应对泄露事故，帮助公园做受损评估及修复，提供社会科学知识，协调审查其他联邦机构可能影响公园资源的行动。工作人员在科罗拉多州办公，在华盛顿设有联络处。

（6）地质资源司　主要职责有六项：一是清查、评估和监测地质和土壤资源；二是缓解对资源的影响，恢复受损资源；三是灾害管理，识别影响公园的地质灾害，并帮助公园管理、减轻和应对这些灾害；四是提供涉及地质资源、能源和矿产资源的法律法规政策指导；五是对自然资源规划工作提供针对性的地质、能源和矿产资源信息和审查结论，例如自然资源状况评估、长途运输计划等；六是定期发布地质相关的信息和教育材料，建立 NPS 各区资源管理者沟通联络网，支持地质相关的青年科研项目。

（7）自然声音和夜空司　下设三个处：飞越处、规划监理处、科技处。该司致力于保护、维护和恢复国家公园的声学和黑暗夜空环境，采用创新技术测量噪声和光污染的影响，测量音景（soundscape）和夜景（lightscape），开发保护自然声音和自然黑暗的新方法，确定解决方案。

（8）教育和外联办公室　属交流部门，主要职责是规划、整合、传播有关自然资源的信息和故事，以便公众理解、重视并支持国家公园的管理决策。具体工作有两项：一是管理自然资源主体网站，通过社交媒体平台、音频和视频产品以及应用程序等数字工具的规划、设计和开发来交流 NPS 科学；二是主办公园科学期刊（*Park Science*），介绍最近与正在进行的自然、社会科学以及相关的文化研究对公园规划、管理、政策的影响，将科学发现成果转化应用于公园规划和开发自然资源管理。

（9）水资源司　下设三个处：水系统处、海洋和沿海资源处、水权处。主要职责为保护水资源，广泛开展渔业、水文、水质、水权、水法和政策、地下水可持续性、海洋和沿海资源、湿地以及信息管理等项目。

（10）合作性的生态系统研究单位（CESU）　与高校和其他非政府组织的合作成立的联合机构，是美国 CESU 网络的组成部分，主要研究人员均在高校。

（11）国家自然地标项目办　内政部长根据自然地标的优越条件、价值、稀有性、多样性、科教价值等指定国家自然地表，项目办负责管理该项目，汇报进展，与公共和私人地标主共享信息，合作解决问题，共同保护自然遗产地。

（12）学研中心　下设 24 个分中心，包括城市生态学研联盟、大湖研究和教育中心等，分中心位于全美各地，主要从事研究及转化工作，为公园提供研究、教育和技术帮助。

8. 公园规划、基础设施和土地局

下设 5 个司（中心或业务办公室）。

（1）建设项目管理司　下设 5 个处，分别为资产资本管理处、施工方案指导处、建设项目审查处、基础设施标准处、价值分析处。

（2）丹佛（Denver）服务中心　下设 5 个处，分别为承包处、设计和建设处、信息管理处、规划处、交通运输处。中心主要负责国家公关的规划、设计、建设工程管理、交通规划、签约服务及技术信息管理，业务范围涵盖全美国家公园的七大区域。

（3）土地资源司　制定和界定项目政策，管理土地征用国家预算项目，指导土地征用程序，并为预算项目提供技术服务。该司主要由位于华盛顿的办事处和位于科罗拉多州的技术中心组成，其中，华盛顿办事处负责制定政策、方案宣传和指导、联络和沟通、过程监督、管理预算要求，以及土地资源项目的综合财政管理；技术中心为土地资源项目在技术方面提供支持和服务，包括指导项目制图功能，维护国家边界数据库，以及管理土地面积数据等。

（4）公园设施管理司　下设 9 个处，分别为办公室、项目管理处、资产管理处、商业运营和支持服务处（内设联络处）、环境顺应与响应处（内设环境管理处）、设施规划处（内设公园资产管理规划处）、公园改造处（主要负责循环管理、住房管理、娱乐项目收费管理、破损修复/恢复）、可持续运营和气候变化处（主要负责气候变化、绿色公园计划、能源和水的保护管理、污染防治、水鸟保护、可持续建筑管理等）、联邦陆地交通项目处（主要负责堤坝安全、公园道路和小径、运输管理等）。

（5）公园规划和特别研究司　下设两个处，分别为丹佛服务中心规划处和区域办公室。

9. 文化资源、伙伴关系和科学局

主要职责是保护和解读美国的自然遗产，指导包括国家公园和遗产资源在内的国家历史保护项目，与各级政府和组织合作保护历史遗产。该局下设19个司(办公室或中心)。

(1)联邦保存研究所　成立于2000年，为所有联邦机构和从事保护工作的人员提供历史保护培训和教育材料。

(2)国家遗产地项目司　国家遗产地由国会指定，不属于NPS系统，因此该司主要为自然遗产地管理者提供指导。具体工作有四项：一是可行性研究，即审查某地是否符合国家遗产地的标准；二是联邦资金和技术援助，NPS为遗产地管理实体提供管理资金和技术支持；三是管理计划，帮助遗产地管理实体制定长期管理计划、政策、目标、战略和行动等；四是评估，对国家遗产地保护管理情况进行评估。

(3)文化资源地理信息系统设施司(CRGIS)　主要职责是在历史保护过程中将3S技术(地理信息系统GIS、全球定位系统GPS、遥感RS)制度化，对历史景点进行GPS调查，协助建立GIS数据库并进行景观碎片分析，培训人员掌握相关技术。

(4)国家原住民墓葬与赔偿法案(NAGPRA)项目司

(5)美国战地保护项目司

(6)考古司　下设两个处，分别是联邦考古项目处和NPS考古项目处。

(7)文化资源办公室　下设三个处，分别是管理支持处、预算和合同处、数据和记录管理处。

(8)教育、外宣和培训司　下设两个处，分别是遗产教育服务处和外宣办公室。

(9)遗产地文件项目司　下设两个处，分别为建筑调查处(包含景观调查职责)和工程记录处。该司主要职责是管理历史建筑、历史工程以及景观的图画、照片、报告等。

(10)历史建筑和文化景观司　下设两个处，分别为公园历史建筑处和公园文化景观项目处。该司主要职责是提高公众对NPS文化景观的认识，协助NPS管理和技术人员将文化景观资源信息纳入公园规划、解读、定位和运营等。

(11)历史司　下设三个处，分别为海事遗产计划处、国家历史灯塔保存项目处、公园历史计划处。

(12)博物馆管理计划司　主要职责有五项，一是政策指导和项目战略，政策和程序的制定及审查，公园整体规划审查，策略性规划等；二是技术信息和援助，发布和传播技术信息，研发产品，协助采购博物馆用品和设备等；

三是信息管理，数据收集和分析，维护 NPS 国家目录的电子和纸质档案；四是公共关系，市场战略和公共关系发展，通过各种媒体促进遗产教育和公众获取馆藏信息等；五是专业发展，培训相关人员，通过媒体发布管理新闻和培训公告。

（13）国家保存技术和培训中心　成立于 1994 年，位于路易斯安那大学内，致力于考古、建筑、景观建筑和材料保护等领域，主要职责是通过培训、教育、研究、研讨会、技术转让和建立合作伙伴关系等探究环境对文化材料的影响，推进保护技术的进步等。

（14）国家登记和历史地标司　下设两个处，分别为国家历史古迹登记处和国家历史地标项目处。主要职责是审查国家、部落和其他联邦机构提交的历史古迹名单；通过国家登记公报系列和其他出版物提供评估、记录和列出不同类型历史古迹的指导意见；帮助有资格的历史财产获得保护利益和奖励。

（15）保护倡议司

（16）科学研究司

（17）州、部落和地方计划和赠款司　下设五个项目处，分别是州历史保护项目处、部落保护项目处、地方保护项目处、历史保护规划项目处、历史保护基金赠款项目处。主要职责是通过上述项目，为保护美国的名胜古迹与丰富历史提供资金和技术援助，为相关机构提供业务指导。

（18）技术保存服务司　下设三个处，分别为联邦历史保存税收激励计划处、历史遗产财产计划处、历史建筑技术保存服务处。主要职责是协助制定历史保护政策和指导文件，保护和修复历史建筑，管理联邦历史保存税收激励计划等。

（19）部落关系与美国文化项目司　下设六个处，分别为文化资源解读和教育处、文化人类学计划处、公园民族志项目处、公园 NAGPRA 处、美国印第安人联络处、部落历史保存项目处。主要职责是通过研究、制定政策、推广活动等方式保护原住民文化，包括应用人类学研究、部落历史保存资助基金、文化资源教育和解读等活动。

10. 解说、教育和志愿者局

下设 6 个司（中心）。

（1）合作司

（2）Harpers Ferry 中心　下设 6 个处，分别为采购管理和承包处、保护处、解说规划处、媒体发展处、出版处、标牌项目处。该中心主要负责公园解说（包括内容、设备、规划）、视听节目制作、历史陈设、博物馆展览，出版物印刷、路边展览等。

（3）青少年活动司

（4）户外运动司

（5）教师司

（6）志愿者司

11. 沟通联络局

主要由两个司组成。

（1）媒体关系司　代表 NPS 与新闻媒体进行官方联络，代表局长向媒体提供信息，解释国家公园政策，使美国人民通过公园和社区项目获得学习、游乐和就业机会。该司还协调 NPS 系统内部沟通，以加强各级组织的信息共享。

（2）数码战略司　为 NPS 数码产品和活动指定相关政策、战略和治理规则，管理 NPS 网站、社交媒体和手机应用，在上述平台发布信息，并为特殊活动和议题制作宣传短片。

12. 游客和资源保护局

下设 7 个司（中心或办公室）。

（1）消防和航空管理司　下设六个处，航空处、结构消防处、荒地火灾管理处、综合管理处、联络和教育处、信息技术处。该司主要职责为管理荒地和结构性火灾，对游客和资源保护提供航空支援，开展搜救行动，运送人力和物资等。

（2）执法、安全和应急服务司　下设五个处，分别为应急服务处、调查服务处、执法行动处、执法培训中心、职业责任办公室。其中调查服务处主要通过侦查、调查、逮捕和起诉来保护公园的资源、游客、财产、雇员和居民的安全。

（3）公共健康办公室　下设四个处，分别为疾病防治和响应处、环境健康和野外服务处、公园健康处、综合健康处。

（4）危机管理办公室　下设 4 个处，分别为雇员健康处、职业安全与健康项目处、运营领导处、公共安全管理计划处。

（5）法规条例和特殊公园用途司　下设四个处，分别是联邦注册处、法规条例处、特殊公园用途处、统一计划处。

（6）美国公园警察局　主要负责保护公园人身和资源安全，调查和拘留涉嫌在公园内犯罪的人员，并为公园内开展的许多重大活动提供安保服务。

（7）原野管理司　下设四个处，区域荒野协调处、国家荒野领导委员会、国家荒野训练中心、荒野研究所。主要职责是协调七大区荒野公园与管理司的联络，提出与荒野有关的措施建议，培训野外工作人员，为荒野公园和项目提供科技援助。

13. 伙伴关系与公民参与局（副局级）

下设四个司（办公室）。

（1）州和地方援助项目司　下设三个处，分别为联邦土地流转项目处、土地和水保护资金处、城市公园和娱乐恢复处。

（2）国家旅游项目司

（3）保育及户外娱乐司　下设五个处，分别为挑战成本分享计划处、野生和风景河流项目处、水电协助处、国家步道体系处、河流、步道和保护援助项目处。该司主要职责包括在国家公园、国家步道、野生和风景河流中开展保护资源、户外娱乐、教育、促进青少年参与等活动，与企业或教育机构等建立伙伴关系，分享成本；根据《野生和风景河流法》，清查并保护国家公园内的河流资源；制定步道、公园和自然区域的概念规划等。

（4）伙伴关系和慈善工作办公室　主要职责为帮助公园和区域办公室建立基础设施投资伙伴关系；解释捐赠、筹款政策及相关问题；审查潜在可能的捐赠，协调与关键政府组织、NGO的关系，包括国家公园基金会等；与其他联邦土地管理机构合作，促进养护和管理，并通过培训计划提高各级公园管理能力；协调市场营销活动等。

14. 阿拉斯加区域办公室

管理阿拉斯加州15个国家公园、保护区、古迹和国家临时公园、13条国家原野河流和一个国家自然遗产地，管理人员的工作地点位于相应的公园内或邻近地区。

15. 中部山区区域办公室

主要负责管理亚利桑那、科罗拉多、蒙大拿、新墨西哥、俄克拉荷马、德克萨斯、犹他、俄怀明等八个州的国家公园。

16. 中西部区域办公室

主要负责管理阿肯色、伊利诺伊、印第安纳、堪萨斯、密歇根、明尼苏达、密苏里、内布拉斯加、北达克他、俄亥俄、南达克他、威斯康星等13个州的60余处国家公园、遗产地、河流和军事公园等。

17. 首都特区办公室

主要负责管理首都华盛顿特区的国家公园、纪念碑、历史遗址等。

18. 东北部区域办公室

主要负责管理康涅狄格、特拉华、缅因、马里兰、马萨诸塞、新罕布什尔、新泽西、纽约、宾夕法尼亚、罗德岛、佛蒙特、弗吉尼亚和西弗吉尼亚等13州的83个国家公园、20个国家遗产地和154个国家自然地标等。

19. 西太平洋区域办公室

主要负责管理亚利桑那、加利福尼亚、夏威夷、爱达荷、内华达、蒙大拿、俄勒冈、华盛顿州、美属萨摩亚、关岛、北马里亚纳群岛等 10 个州（地区）的 60 余个国家公园、国家纪念碑等。

20. 东南部区域办公室

主要负责管理阿拉巴马、佛罗里达、佐治亚、肯塔基、路易斯安那、密西西比、北卡罗来纳、南卡罗来纳、田纳西等 8 个州，以及波多黎各和维京群岛地区的共近 60 余处各种类型的国家公园地。

美国各区域办公室的管理机构类似，在沟通联络、运营管理、商业服务、资源管理规划、公共安全、财务预算、伙伴关系等方面设有相应下属机构，以支持完善各区域办公室对国家公园的管理。

21. 商业服务局

主要负责管理 NPS 近 500 份特许经营合同（年收益额为 10 亿美元），监督特许经营者的服务质量和业绩，与私营部门建立合作伙伴关系等。下设三个司。

（1）商业服务项目司　下设四个处，分别为财产管理处、合同管理处、金融管理处、规划发展处。

（2）合同和金融协助司　下设三个处，分别为合同项目处、金融协助项目处和服务收费卡处。

（3）娱乐费用项目司　下设三个处，分别为机构间通行证处、娱乐费用处、娱乐网站管理处。

22. 审计局

下设三个司（中心或办公室），分别为会计运营中心、预算办公室、财产和空间管理办公室。

23. 劳动力局

下设五个司（办公室）。

（1）学习与发展司　下设六个处，分别为远程学习中心、历史保护训练中心、Horace Albright 培训中心、领导力发展处、组织发展处、Stephen T. Mather 培训中心（职业学院）。

（2）机会平等项目办公室　下设四个处，分别为就业、多元化和包容性计划处、投诉处理和解决方案处、少数族裔大学推广计划处、公共民权处。

（3）人力资源办公室　下设六个处，分别为客户解决方案服务处、外勤咨询服务和执行资源处、人力资源运营中心、人力资源服务处、人力资源运营处、劳资关系处。

（4）相关性、多样性和包容性办公室

（5）青年项目司

24. 信息资源局

下设四个司（办公室或中心）。

（1）信息技术安全办公室　下设四个处，分别为认证处、信息技术安全事故响应处、运营安全处、隐私处。

（2）国家信息服务中心　下设五个处，分别为管理服务处、运营服务处、项目服务处、资源信息服务处、网站服务处。

（3）国家信息技术中心　下设五个处，分别为华盛顿特区数据处、信息技术服务处、基础设施管理处、播音项目管理处、广域网处。

（4）信息投资管理司　下设四个处，分别为资本规划处、对应处、企业架构处、自由信息法案处。

三、对我国国家公园管理机构设置的启示

一是建立科学的分区管理体制。根据各区域的区位、气候、资源、历史等特征建立的分区管理体制与 NPS 总部管理体制协调呼应，有利于及时了解、上报、并解决公园管理中存在的问题。另外区域办公室拥有较大自主权，根据区域特征设立相应司局（中心或办公室）进行管理，开展活动和项目等。

二是建立完善的资源监测体系。美国国家公园的监测体系十分发达且细致，按照资源设置 10 余个监测司，实现了对动植物、空气、水、土壤、地质、自然声音、夜空等资源的全面监测，2017 财年仅此一项支出就高达 3.28 亿美元（数据引自美国国家公园 2019 财年预算报告），约占全年财政支出的 15%。

三是高度重视伙伴关系和教育培训。设置了商业服务局、文化资源、伙伴关系和科学局、伙伴关系和民众参与局等机构，在商业、资源保护、项目开展等方面与地方政府、企业、NGO 等建立了众多伙伴关系，有效弥补了 NPS 在经费、运营管理、培训等方面的不足。另外，绝大多数机构均设有专业的培训中心，对雇员、游客进行培训，有助于传播理念、知识、技术，提高管理水平。

四是高度重视信息化建设和宣传。专门设有信息办、沟通联络局、解说和教育局，在多个局设有外联办公室，在区域办公室设有联络中心、解说办公室、信息处等，通过网站、社交媒体、杂志、视频保证了信息传播的流畅性和多元化，使国家公园的理念、政策、活动成效等均得到大范围宣传。

五是高度重视游客的体验。专门设有游客和资源保护局、公民参与局等机构，在各区域办公室设有游客资源保护机构，各公园均设有游客服务中心，保证了游客出行参考、饮食、居住、安全、参与公园活动项目、投诉等方面服务的质量。

（摘自美国国家公园服务局网站 Organizational Structure of the National Park Service，编译整理：李想、赵金成、陈雅如；审定：王永海、李冰）

美国国家公园服务局 2019 财年预算报告概述

美国国家公园服务局（NPS）近日公布了 2019 财年预算草案，草案详细列出了 2019 财年 NPS 的各项支出需求。根据美国内政部的要求，NPS 2019 财年预算向国家公园系统的运营、保护美国的自然和文化资产、修缮基础设施等方面倾斜，目的是保证美国民众可持续拥有丰富的国家公园体验，提高户外娱乐活动的公众参与。NPS 将为预算草案举行若干场听证会，其后与内政部预算共同提交美国国会审批。

美国国家公园是美国重要的国有资产。2016 年共吸引游客 3.31 亿人次，比 2015 年增加 2370 万人次（增长率为 7%）。NPS 的资金主要用于应对日益增多游客带来的挑战，支持新建的公园单位，保护资源和游客等。

一、2019 财年预算基本概况

2019 财年（2018 年 10 月 1 日至 2019 年 9 月 30 日）NPS 资金总需求为 32.2 亿美元（包括 17685 名全职职工工资），主要分为非专项拨款（discretionary appropriations）和专项拨款（mandatory appropriations）两大类（表 1），其中预算需求（budget request）即非专项拨款资金 24.3 亿美元，具体支出需求包括五项，分别为：NPS 运营费 21.5 亿美元、国家娱乐和保存项目费 3220 万美元、历史保存基金 3267 万美元、建设和修缮费 2.41 亿美元、土地征用与州际援助费等 879 万美元；专项拨款 7.9 亿美元，包括休闲娱乐费专项资金、其他固定专项资金、多种信托基金、Helium 法案专项资金、土地征用与州援助专项资金（根据墨西哥湾能源安全法）、游客体验改善基金等。

表 1 美国 NPS 2019 财年预算概况

预算授权（亿美元）	2017 年实际[③]	2018 基准线	2019 要求	与 2018 基准线相比的变化
非专项资金	29.32	29.24	24.31	−4.93
专项资金[①]	6.18	7.08	7.89	+0.81
预算总额[④]	35.50	36.32	32.20	−4.12
全职职工工资[②]	0.196	0.195	0.177	−0.018

注：①专项资金反映了任何封存或临时使用后的预算授权。②全职职工工资包括若干补贴及桑迪飓风造成损失后激活的补贴。③包括转移支付。反映 2019 财年。④所列数额没有反映 2019 财年中根据预算政策提供的额外的 2.99 亿美元。2019 财年的预算变化主要包括 NPS 运营经费增加 2.7 亿美元，以及根据合同取消调整的 2814 万美元。

与 2018 年基准线相比，2019 财年资金总额减少了 4.1 亿美元，其中预算需求减少了 4.9 亿美元，专项资金增加了 0.8 亿美元。

二、预算各部分简介

1. 国家公园系统运营费

2019 财年运营方面的预算费用约为 22 亿美元，在所有预算科目中为最多，与 2017 财年实际运营费 24.2 亿美元相比有所减少。运营费主要包括六方面：

（1）资源管理费 2.89 亿美元　具体包括四项费用：公园和项目运营费、自然资源项目费（760 万美元）、文化资源项目费（2018 万美元）和行政结余等。2019 财年拟开展的主要自然资源活动有：在落基山国家公园实施麋鹿和植被管理；控制并清除美属萨摩亚国家公园、与五大湖接壤的国家公园的入侵物种；发展 1300 条国家休闲步道，包括 21 条国家水道等；改善原野和景观河流水质等。拟开展的文化资源活动有：对 1900 个考古遗址进行清查，确保遗址得到适当的保存和保护；获取 GIS 空间数据以建立文化景观边界和特征；确保 52% 的历史建筑 2019 财年状况良好；增加收录 100 万件博物馆藏品；在公园和国家项目中监督 30～40 项历史资源研究、特殊历史研究、行政历史的准备情况；监督 35～40 个国家历史地注册文件的编制准备情况。

（2）运营游客服务费 2.22 亿美元　具体包括五项费用：公园和项目运营费、青年伙伴项目费（584 万美元）、公园志愿者项目费（218.8 万美元）、解说和教育项目费（134.8 万美元）、行政结余。2019 财年拟开展的活动有：继续开展历史保护培训中心传统行业学徒计划，并将重点转移到近年的高中毕业生和退伍军人提供更多就业机会；设计和开发 NPS 职业领域相关的项目，与招聘机构合作确保吸纳高水平人才；在科学、技术、工程、数学领域为青年提供高质量的沉浸式体验，为他们在 NPS 的职业生涯起到引导和教育的作用；继续开展园内志愿者、社区志愿者大使、步道和轨道、青年游园项目等；管理特许经营合同，确保向联邦政府提供合适的回报率；继续实施商业服务项目，增加新的授权商。

（3）公园保护费 3.31 亿美元　具体包括三项费用：公园和项目运营费、西南边界资源恢复项目费（86.2 万美元）、行政结余。2019 财年拟开展的活动有：继续为旧金山、纽约和华盛顿特区 NPS 站点的 6000 多万游客提供专门的公园警察保护；继续在西南边境和加利福尼亚公园努力解决普遍的贩毒、非法移民、贩卖人口和大规模大麻种植问题；继续开展 NPS 安全和情报项目；参与国家公园系统的应急响应和搜救活动；确保 NPS 的所有建筑符合防火和安全要求，均配有适当的防火系统；确保应对结构火灾及其他灾害的员工得到相应的培训、设备和认证；与疾病控制中心和各州卫生部门合作，更好地控制疾病在国家公园系统内的传播。

（4）公园支持费 4.60 亿美元　具体包括五项费用：公园和项目运营费、已存在公园单位新责任费（108 万美元）、联结步道至公园项目费（82.1 万美元）、内政部机构重组计划费（90 万美元）、行政结余。2019 财年拟开展的活动有：为 417 个国家公园单位、60 条原野景观河流和 23 条国家景观和历史步道提供政策指导和监督；为员工提供持续学习职业组织效能的机会；通过提供 NPS 内政策指导，以及对捐款和筹款活动的监督确保促成和可保持持续的伙伴关系，审查筹款的可行性研究、计划和协议，开展培训以提高 NPS 促成伙伴关系的能力；提供预算编制、执行和审计服务，以及财产和（办公）空间管理、业务管理等；使用最佳业务实践为 NPS 社区和公众提供以客户为导向、安全、普遍可访问的可用信息，经济有效的技术和服务；继续与 DOI 合作来整合服务器和数据中心；为所有员工和主管提供避免性骚扰和不利工作环境的培训。

（5）设备运营和维护费 6.66 亿美元　具体包括六项费用：公园和项目运营费、环境管理项目（461.3 万美元）、风暴损害应急项目（236.2 万美元）、修缮和复原项目（9946 万美元）、循环修复项目（约 1.13 亿美元）、行政结余。2019 财年拟开展的活动有：对景观和步道等进行日常维护（例如割草、修剪、种植等）；日常保管和看管；清除可能有害的垃圾和碎屑；修复北卡罗来纳州大烟山国家公园 14.2 英里（1 英里≈1.6 千米）的深溪小径（Deep Creek Trail），修复工作将继续保护该地区免遭土壤侵蚀的危害，并保证游客的安全；稳定并重新定位安提塔姆会战（The Battle of Antietam）遗址 6480 平方英尺（1 平方英尺≈0.09 平方米）的内外墙石材，修复通往塔楼加班的铸铁楼梯和栏杆系统；修复旧金山金门游乐区为 5 万余名居民和 165 名员工提供服务的废水收集系统。

（6）行政开支 1.85 亿美元　具体包括七项内容：员工补贴（2571 万美元）、失业补贴（1645 万美元）、集成式信息技术成本（794.5 万美元）、电讯费（922 万美元）、邮电费（286.1 万美元）、空间租赁费（7098 万美元）、部门间的项目收费（5056 万美元）。

在上述六项中，公园项目和运营费、行政结余两项为（1）至（5）费用中共有项目，在每项中具体数额不详，累计数额分别为 17.12 亿和 2220 万美元。

2. 国家娱乐和保存费

2019 财年该项目预算经费为 3219 万美元，与 2017 财年相比减少了 3024 万美元。主要包括以下五项内容，分别为：

（1）自然项目费 1113.9 万美元　具体包括四项内容：河流、步道和保护协助费 913.1 万美元，国家自然地标费 56.9 万美元、水电娱乐协助费 85.5 万美元、联邦土地转为公园费 58.4 万美元。2019 财年拟开展的活动有：为 800 余个社区和 250 余个项目提供技术援助和合作；充分调动公共和私人资源推进社区主导的项目；评估潜在的国家自然地标；保持与现有地标所有者和管理者的关系，提供技术援助和保护支持；促进地标所在地与其他保护地建立伙伴关系，推动景观尺度上的保护；继续支付美国财政部在水电项目上付出的成本；继续参与超过 45 个水电娱乐项目，推进保护效果；确保娱乐休闲的利益在审批和开发新的水电建议中（主要是在闸坝和河流上）得到考量；回应公园单位、原野和景观河流的援助请求。继续协助联邦机构减少多余的联邦资产，将不动产移交给州和社区；完善新的网络和数据系统，推进问责制，提高透明度和效率，提高公众知情权以确保其可以参与公园管理。

（2）文化项目费 1933.3 万美元　　具体包括三项内容：国家注册项目费 1561.8 万美元、国家保存、技术和训练中心费用 174.3 万美元、基金管理费 197.2 万美元。2019 财年拟开展的活动有，与州、部落、地方政府和保护组织合作，保护史前和历史文物、文化传统，保存并对国家注册纪录进行数字化，增加公众访问量，并减少资源损害和遗失；完成约 800 个新的国家注册表的审查处理；继续为全国保护专业人士提供信息、研究、指导和培训计划，重点关注公园资源问题，包括举办科技在保存文化资源中的作用等网络研讨会和播客；完成研发技术出版物；主办研讨会和培训活动；管理历史保存资金赠款项目，包括提供关于赠款和计划要求的培训指导，以及 600 多项有效赠款的管理；按照历史保存基金和国家历史保护法案的要求管理经认证的地方政府项目和保存计划项目。

（3）环境合规与审查费 38.7 万美元　　与 2017 财年相比减少 4.5 万美元。2019 财年拟开展的活动有：协调 NPS 审查和评价约 1000 份外部环境审查文件。

（4）公园国际事务费 97 万美元　　与 2017 财年相比减少了 68.3 万美元，主要用于国际事务办公室（OIA）的支出。2019 财年拟开展的活动有，OIA 协调国际访问和志愿者计划，就国际问题向 NPS 雇员提供信息和协助，作为 NPS 与美国其他联邦机构，特别是国务院在国际公园和遗产方面的联络机构；当外部资金可用时，OIA 将与主要伙伴包括加拿大、墨西哥、巴哈马、中国、约旦、智利及其他国家开展技术援助和交流项目。

（5）遗产伙伴项目费 37 万美元　　与 2017 财年相比减少了 1930 万美元，主要作为行政支持费。2019 财年拟开展的活动有：协调 NPS 总部、区域办公室和公园与遗产地的互动，监督遗产伙伴基金的使用情况。

3. 历史保存基金

2019 财年该项目预算经费为 3267 万美元，与 2017 财年相比减少了 4272

万美元。主要为援助资金。

援助资金具体包括两项内容：对各州和地区的援助资金 2693 万美元；对印第安部落的援助资金 574 万美元。这些援助资金和赠款有助于州、地区和部落履行国家历史保存法案规定的保存责任。2019 财年拟开展的活动有：向州和地区分发 450 个资助项目，以及历史保存基金；各州将调查约 340 万英亩的文化资源，包括 7.3 万件经过清查、评估或指定的历史和考古文物；各州将审查 5.6 万项联邦对州和地区承诺，提供 4.6 万条国家注册资格意见；向部落历史保存办公室（THPOs）分发 184 项基金和赠款，向联邦承认的部落、阿拉斯加土著乡村和企业、夏威夷原住民组织分发 15 笔基金；增加 1700 份新的部落清查清单；调查约 14 万英亩（1 英亩 ≈ 4047 平方米）的部落文化资源，其中有 5600 余个经过清查、评估和制定的重要历史和考古资产；审查约 3.9 万项联邦对部落的承诺，提供 2800 份国家注册资格意见。

4. 建设和修缮费

2019 财年该项目预算经费为 2.41 亿美元，费用主要用于建设工程、设备替换、管理、规划、运营和特殊项目，与 2017 财年相比增加了 3310 万美元。主要包括五项内容：

（1）线路项目建设费 1.57 亿美元　具体包括三项内容：线路建设工程费 1.49 亿美元、废弃矿区土地工程费 400 万美元、拆除和处置费 400 万美元。2019 财年拟开展的活动有，根据项目评分确定 2019 财年优先建设项目，特别是交通基础设施、以及涉及游客和雇员生命财产安全的、有利于资源保护的项目等；处理金门国家娱乐区的居民住宅及相关棚屋、附属建筑和停车区；在联邦土地交通项目的支持下修复公路、桥梁、隧道以及运输系统包括班车、公交车、货车、电车、船只、渡轮火车、飞机和雪地客车等。

（2）特别项目费 1566 万美元　具体包括四项内容：紧急和非计划项目费 382.9 万美元、大坝和堤坝安全项目费 124 万美元、房屋改造工程费 218.7 万美元、装备替换项目费 840.8 万美元。2019 财年拟开展的活动有：对风、水、火灾及其他自然灾害可能造成损毁或倒塌的建筑进行修复或重建；恢复 11 个员工住房单元、继续替换 Ozark 国家景观河道周边的危房、拆卸约两个拖车房屋单元；修复俄亥俄国家公园的 5 号大坝；设计 Manzanita 大坝的修复方案；购买 Potomac 公园堤坝的防洪材料；继续拆除落基山大坝；替换公园用车和公园警察执法设备等。

（3）建筑规划费 1745 万美元　主要是线路建设规划，规划程序有三项：预设计、补充服务和最终设计，具体内容包括项目立项、预算、资源分析、可行性调查、实地分析、地理技术工程、文化、自然和考古资源调查、消防安全、有害材料调查、能源研究、监测和检查、价值分析等。

（4）建设项目管理和运营费4100万美元　具体包括四项内容：建设项目管理费267万美元、丹佛服务中心（DSC）运营费1927万美元、Harpers Ferry中心（HFC）运营费910万美元、地区实施项目支持费995万美元。2019财年拟开展的活动有：为建设工程提供专业的管理，全程监控项目进度，提供项目和资产水平投资策略；提高DSC在公园规划、设计、合同服务、项目管理、建设管理和信息管理方面服务国家公园的能力；提高HFC为公园、标牌、解说规划和保护服务等方面提供媒体和数字服务的能力；为七个区域办公室员工提供工资支持，以及主要修缮和建设活动、考古调查、有害材料调查、历史建筑档案编制、与州历史保存办公室合作、环境评价等活动提供资金。

（5）管理规划费1020万美元　具体包括三项内容：公园单位管理规划费540万美元、特殊资源研究费113万美元、环境影响规划和遵守法律审查费368万美元。2019财年拟开展的活动有，协助国家公园制定资源管理策略，以及游客管理、发展理念、伙伴关系、步道管理等方面的规划；为国会提供评估信息，主要评估可能成为新国家公园、国家景观和历史步道、原野河流系统等候选地的重要性、适用性、可行性、潜在的环境影响等，鼓励国家公园保护重要的资源；审查NPS、区域办公室、公园的行动是否符合国家环境政策法案，并基于该法案为相关人员提供技术援助和培训。

5. 土地征用和州际援助费

2019财年该项目预算经费为878.8万美元，与2017财年相比增加了1.52亿美元，费用主要用于土地征用。具体活动包括：管理正在进行的联邦土地征用项目和美国战斗遗址保护基金，为七个区域办公室的土地征用中心、三个项目办公室、国家项目中心、国家技术中心等单位提供土地征用相关计划和程序解释，回应官方在信息提报方面的要求等。

6. 休闲娱乐专项资金

2019财年该项拨款预计3.38亿美元，较2017财年增加2325万美元。主要包括娱乐费用项目和运输系统基金。

（1）休闲娱乐费项目3.1亿美元　休闲娱乐费来源主要是国家公园和联邦土地休闲娱乐通票，具体包括有效期12个月的年票（80美元）、为65岁以上老人准备的老年终身通票（80美元）、有效期12个月的老年年票（20美元）。

（2）运输系统基金2622万美元　根据法律授权，NPS可以对公园单位内享有公共运输服务的个人收取费用，该费用支出时必须用于公园内与交通有关的项目。目前已有18个公园获准收取运输费用。

7. 其他固定专项资金

2019年财年该项目预算经费为2.02亿美元，比2017财年减少1584万美元。主要包括六项内容：对美国公园警察年金福利费4384万美元、公园优惠特许经营费 1.1 亿美元，特许经营改善费 1050 万美元、公园建筑租赁和维护基金 983 万美元、光影特效费 170 万美元、园区内政府用房的使用和维护费 2590 万美元。其中特许经营费存入 NPS 指定账户，专门用于合同管理、支持项目、运营和经营活动。所有基金被存入自然公园系统使用的一个特殊账户，主要用于合同开发、项目运营和支持特许经营活动。特许经营改善费则要求长期经营者将收入按照一定比例或固定数额存入特别账户，经 NPS 批准后，该经费专门用于改善特许经营服务设施。

8. 多种信托基金

2019 年财年该项目预算经费为 8100 万美元，与 2017 财年相比增加约 1700 万美元。主要由捐款构成，受到严格控制，以确保资金用于捐赠者指定用途或被归还给捐赠者。

9. Helium 法案专项资金

2019 财年该项目预算经费为 3000 万美元，并要求非联邦资金至少按照 1:1 的比例进行匹配，2017 财年则没有该专项资金。2019 财年拟开展的活动有修复 NPS 基础设施，包括历史建筑恢复、道路维修、历史资产保存、能源升级等。至 2017 年底，延期积压的待维修设施经费缺口高达 110 亿美元。

10. 土地征用与州援助专项资金

这个专项资金是基于墨西哥湾能源安全法案（GOMESA）而设置。2019 财年该项目预算经费为 8666 万美元，比 2017 财年增加 8930 万美元。GOMESA 建立了墨西哥湾油气租赁收入的转移支付制度，即将部分租赁收入通过州际保护基金项目转移支付给各州用于保护。例如土地和水资源保护基金（LWCF）每年从该法案获得资金近 9 亿元，部分用于支持 NPS 土地征用活动，与州际保护基金一起，可支持约 6.5 万英亩的新公园用地建设；另外行政支出至多可占该专项资金的 3%。

11. 游客体验改善基金

2019 财年该项目预算经费为 2000 万美元，该基金由 NPS 游客体验改善管理局于 2016 年建立，2017 和 2018 财年均没有相关预算和支出，启动资金主要来自 NPS 系统内部的转移支付。2019 财年拟开展的主要有，商业服务合同及相关专业服务合同管理（合同不允许超过 10 年），游客服务设施和项目的管理、扩充等。

三、NPS 经费预算特点

一是来源上以联邦财政拨款为主，经费渠道多元化。2019 财年的预算草案中，联邦财政拨款约占 NPS 资金的 75%。但 NPS 的主要经费渠道还包括由私人捐赠建立的信托基金、休闲娱乐费收入、特许经营费、转移支付（包括美国农业部、交通部、内政部司局接收的转移支付）、法案专项资金等。

二是用途上设立专项资金，专款专用。严格限制捐赠、休闲娱乐费、特许经营费等专项资金的用途，根据收费条件确定其用途，不能随意使用。例如根据 NPS 政策要求，公园休闲娱乐费收入低于 50 万美元时，可全额保留，高于 50 万美元时则保留 80%，其余 20% 存入 NPS 中心账户，用于定向支持改善游客服务体验的相关项目；捐款必须按照捐款人的指定用途使用；特许经营费必须用于改善特许经营服务等。

三是依法设置，依法收支。预算草案编制以及具体费用列支均遵循美国和 NPS 的基本法律，例如美国联邦预算法、美国国家公园法等，同时相应科目设置须遵循国家历史保护法案、国家环境政策法案、联邦土地休闲娱乐法案、国家公园百年服务法案、墨西哥湾能源安全法、Helium 法案等法律法规。

四是预算要首先保证国家公园系统的顺利运营。运营经费高达 22 亿美元，占联邦拨款数额（约 24 亿美元）的 90% 以上，运营涉及资源管理、游客服务、设施维修和保护、公园支持服务等是整个预算法案的最核心组成部分。

五是预算科目设置细致清晰。预算草案全文约 420 页，详细列出了预算科目、种类、依据、用途、与上一财年相比的变化等，同时包括一些资金在上一财年的支出效果等，对下一财年的每一笔预算款项做了非常详细的解释。法案及时公开，接受监督，充分保证了纳税人的权益，体现了"取之于民、用之于民"的精神。

（摘自 NPS 网站 National Park Service，Fiscal Year 2019 Budget Justifications，编译：李想、赵金成、衣旭彤、陈雅如；审定：王永海、李冰）

美国保护地体系及资金机制介绍

一、最新概况

根据世界保护地数据库 WDPA（World Database on Protected Areas）的最新统计，截至 2018 年 5 月，美国共有保护地 34075 个，其中陆地保护地 123.3 万平方公里，占陆地总面积的 12.99%；海洋保护地面积 352.6 万平方公里，占海洋总面积的 41.05%。

美国保护地共分为 607 类，分属于国家、州、地方等不同层面。保护地数量较多的类型包括环境系统（7192 个）、野生动物管理区（2673 个）、私人保护地(1427 个)、缓冲区(1244 个)、私人保护土地(1222 个)、地方信托保留地(1070 个)、保存地(1029 个)、州立公园(955 个)等，其他重要的保护地类型还包括国家公园(60 个)、国家荒野、国家森林、国家原野和景观河流(166 个)、湿地(93 个)。此外，美国还有 3 类国际保护地，分别是世界自然遗产地 13 个(主要是国家公园)，联合国教科文组织人与生物圈保护区(UNESCO-MAB Biosphere Reserve)43 个，拉姆萨尔国际重要湿地 37 个。

美国的保护地按照管理类型和管理机构可分为七类，次级国家部委或机构(即州、市、县等政府组成机构，编译者注)管理的保护地最多(14179 个)，占所有保护地的 41.6%，其他管理类型和模式分别为联邦机构(5841 个)、非盈利组织(6313 个)、合作管理(3093 个)、个体地主(2418 个)、联合管理(696 个)以及管理模式不详的保护地 1535 个。

按照国际自然联盟 IUCN 保护强度的分类标准，美国 28414 个保护地属于第五类(Ⅴ)，占保护地数量的 83.4%。此类保护地是人与自然均衡互动的结果，并为自然恢复，以及维持那些依赖于属地的文化活动提供了机遇。严格保护地 Ia 和 Ib 类共有 1932 个，共占保护地数量的 5.67%，缺少数据和不适用于 IUCN 分类中的任何类型的保护地共占 2.08%，详情可见表 1。

表 1 参照 IUCN 分类标准的美国保护地类型

类型	数量	占比(%)
Ia—严格的自然保护地	607	1.78
Ib—荒野地	1325	3.89
Ⅱ—国家公园	41	0.12
Ⅲ—自然历史遗迹或地貌	1804	5.29
Ⅳ—生境/物种管理区	755	2.22
Ⅴ—陆地景观/海洋景观	28414	83.39
Ⅵ—可持续利用自然资源的保护地	418	1.23
未报告	655	1.92
不适用于 IUCN 任何类型	56	0.16

二、美国重要保护地类型

(1)国家公园(national parks) 截至 2018 年 5 月，共有 60 个，按照 IUCN 的分类标准：2 个为 Ib 类，39 个为 Ⅱ 类，1 个为 Ⅲ 类，18 个为 Ⅴ 类。管理方式主要为合作管理，其中 48 个由美国国家公园服务局(NPS)与地方政府机构合作，8 个由 NPS 直接负责管理，2 个由非政府组织管理，1 个由 NPS 与 NGO 合作管理，1 个由地方政府机构管理。

(2)国家荒野保护区(national wilderness preservation) 荒野类的保护地共

有12类，其中该保护区作用最为突出。保护区基于1964年通过的《原野法》建立，法案把荒野定义为维持着其原始特征与感化力，没有经过持续的改造利用，也不存在人类居住行为的未被开发的地区。截至目前共有716处，总面积44.16万平方公里，占美国国土面积的4.5%。其中绝大多数（697处）属于Ib类保护地，其余19处为V类保护地。538处由联邦机构管理，主要是林务局、国家公园服务局、土地管理局、鱼和野生动物服务局等；159处由联邦机构和地方机构合作管理，9处由非政府组织管理，另有9处由地方政府机构管理。

（3）国家野生动物庇护区（national wildlife refuges）　涉及野生动物的保护地共有25类，其中最重要的即为该庇护区。庇护区根据1956年通过的《国家野生动物庇护系统管理法案》建立，主要使命是管理国家的水路网，恢复鱼类、野生动物及其栖息地、植被资源等。目前全美共有超过560个此类庇护区，面积超过1.5亿英亩（约60.07万平方公里，译者注），是美国面积最大的保护地类型。其中355个为IV类保护地，15个为Ia类，其余为V类，所有庇护区均由美国内政部下属的鱼和野生动物服务局管理。庇护区为700多种鸟类，220种哺乳动物，250种爬行动物以及1000余种鱼类提供栖息地，同时保护着超过380种濒危动植物。

（4）国家原野及风景河流区（national wild and scenic rivers）　根据1968年通过的《原野及风景河流法案》建立，按照河流类型可分为三种：原野河流、风景河流、游憩河流，累计共有166条，均为V类保护地。其中132条由联邦机构管理，农业部林务局和国家公园服务局分别管理部分河流；其余34条河流由林务局与地方政府机构合作管理。

（5）国家自然地标（national nature landmark）　由内政部1962年开始设立，主要目的是保护具有杰出生物和地质资源的遗址。目前共有599个，其中约有一半由公共机构管理（例如联邦、州、市或县政府等），近1/3完全为私人所有，其余由公私混合所有或管理。国家公园服务局和林务局是联邦层面主要的管理单位。

（6）自然研究区（research natural area）　建立目的是保持一系列具有代表性的自然生态系统的完整性，以备教育、研究的利用。自然研究区人工干预很少，诸如聚居、放牧、烧草等活动都是禁止的。通常也不鼓励狩猎、钓鱼、捕猎，以及野营、游泳、登山。鼓励研究活动，但不允许破坏地区特质。目前该类保护地共有515处，其中478处属Ia类，即执行最严格的保护标准；其余37处为V类保护地。管理模式上，436处由联邦机构管理，主要包括林务局、土地管理局、鱼和野生生物服务局、国家公园服务局、国防部、能源研究和发展署等；75处由上述联邦机构与地方机构合作管理；其余4处由州渔业和野生动物局、州土地局等管理。

(7)国家保护区(national conservation area) 之前被称为国家景观保护系统，为人们提供了狩猎、野生动物观赏、捕鱼、历史探索、科学研究和各种传统用途的特殊机会。共有78个，均为Ⅴ类保护地，总面积约为13.76万平方公里。其中联邦机构包括内政部土地管理局、农业部林务局、田纳西流域管理局等管理23个国家保护区，地方政府机构管理27个，地方机构合作管理11个，非政府组织和联合管理各1个。

(8)森林保护地 涉及森林的保护地有五类，共246个，分别为森林保护地(forest)168个、森林经营区(forest management area)1个、森林保存区(forest preserve)58个、森林储备区(forest reserve)3个、国家森林保护区(national forest)16个。其中Ⅴ类保护地200个，Ⅵ类保护地37个，其余9个为Ⅲ类保护地。上述森林保护地主要由地方政府机构管理，美国林务局仅管理10个Ⅵ类国家森林保护地，国家公园服务局、鱼和野生动物服务局等也参与少量管理。另有6个面积较小(累计面积仅为5.23平方公里)的国家森林保护地由非政府组织管理，属于Ⅴ类保护地。

(9)湿地保护地 涉及湿地的保护地有八类，共173个，具体包括保存湿地群(wetlands preserve)9个、湿地群银行(wetlands bank)1个、湿地群(wetlands)93个、湿地区域(wetland area)2个、大型保存湿地(wetland preserve tract)1个、保存湿地(wetland preserve)9个、湿地缓解银行(wetland mitigation bank)、湿地区域(wetland area)、湿地保护地(wetland)57个。上述湿地多属于Ⅴ类保护地，主要由地方政府机构管理。

(10)步道(trail)保护地 涉及步道的保护地有五类，共1410余个，其中主要为保护地，具体包括步道群(trails)7个、步道地役权(trail easement)1个、步道走廊(trail corridor)9个、步道(trail)49个以及最重要的国家步道系统(national trail system)。该系统共分为三类步道：分别为国家风景步道(11个)、国家历史步道(19个)、国家游憩步道(具体又可分为国家游憩步道近1300个和国家水路步道21个)。步道多由国会制定，横跨若干州，风景怡人。主要由国家公园服务局和农业部林务局管理。

(11)海洋保护地 根据WDPA的统计，涉及海洋的保护地有十类，共61个，其中主要为Ⅵ和Ⅴ类保护地，具体包括码头保护地(marina)1个、海洋生物保存地(marine biological preserve)1个、海洋保护区(marine conservation district)1个、海洋生命保护区(marine life conservation district)5个、海洋国家纪念碑(marine national monument)2个、海洋公园(marine park)2个、海洋保存区(marine preserve)7个、海洋保护地(marine protected area)18个、海洋储备区(marine reserve and reserves)5个、海洋森林(maritime forest)19个。美国海

洋保护地中最重要的类型是根据 2000 年 5 月出台的总统行政命令建立的海洋保护地体系（marine protected areas）。该体系被定义为："根据联邦、州、领土、部落或地方的法律或规定，为对其中部分或全部自然或文化资源的持续保护而保留的任何海洋环境"。行政命令指定美国商务部和内政部牵头，与包括国防部、国务院、国际合作发展署、交通部、环保署等其他联邦机构合作，并联合州、领土、部落和公众一起发展一个基于科学的，可理解的国家系统。截至 2015 年，美国 100 余个各级机构已建立了 1700 余个海洋保护地（但其中纳入 WDPA 统计只有 61 个，译者根据理解注）。

三、资金机制

可持续性资金是保护地有效性管理的保障。美国保护地体系资金机制按保护地土地资源权属可分为三大类。

1. 联邦保护地体系资金机制

美国联邦公共土地保护地体系的资金来源主要是政府拨款和个人及社区捐赠，其他还包括信托基金、休闲游憩费收入、特许经营费、部门间的转移支付等。联邦政府拨款是保护地资金的主要来源渠道。2019 财年（即 2018 年 10 月 1 日至 2019 年 9 月 30 日），联邦保护地的主要管理机构额度如下：国家公园服务局为 24.3 亿美元、林务局 17.5 亿美元（用于国家森林系统保护地）、鱼和野生动物管理局为 28 亿美元，土地管理局为 11 亿美元。资金主要用于各类保护地的运营管理。

自非政府机构和私营企业的资金捐助是资金机制的重要补充。例如，目前国家公园服务局与超过 150 个非盈利组织建立了伙伴关系，这些组织贡献时间和专业知识，同时每年为全国范围内的国家公园提供了超过 5000 万美元的资金。国家公园基金会（National Park Foundation）是服务局重要的非盈利伙伴之一，帮助筹集私人捐款，过去 7 年基金会提供了 1.2 亿美元支持公园的工程项目。还有超过 70 个合作社在公园内出售相关纪念品等，每年为服务局提供 7500 万美元资金。

2. 州保护地体系资金机制

美国各州保护地管理的资金主要来自联邦政府法案的指定拨款。例如《联邦政府协助恢复野生生物法案》（简称 P-R 法案）规定联邦政府需拿出征收的休闲型狩猎用弹药和武器税款的 10% 作为各州的野生生物恢复用款，各州将法案来源资金的 62% 用于购买、新建、维护和管理野生生物保护地；《联邦政府协助恢复垂钓鱼类法案》要求联邦政府对休闲型捕鱼装备、电动舷外发动机、声纳探鱼设施征收营业税，并对进口垂钓用的钓具、快艇和游艇征收关税。自 1950 年以来，州级鱼类和野生动物管理机构共收到该法案指定拨款超过 26 亿美元。除支持修建或重建 1200 多个钓鱼和划船点，收购 26 万英亩的水域用于划船、钓鱼和鱼类养殖外，此资金还支持各州开展鱼类研究和项目编制，为更好地管理鱼类提供可靠的数据。各州还可用此项资金开展环境教育项目，向公众宣传鱼类保护知识。征收的钓鱼装备和休闲娱乐用（钓鱼和划船）机动艇燃油购置税主要用于垂钓鱼类的保护和管理。

3. 私有保护地体系资金机制

美国私有保护地体系的主要资金来源渠道包括：会员会费与捐款、政府基金、投资收益、土地售卖、土地捐赠和其他收益等。

四、对我国的启示

一是保护范围广，类型多，实现全覆盖。美国保护地实现了对森林、湿地、土地、河流、海洋、野生动植物、公园、原野、地标、步道等自然资源、自然景观和野生动植物等的保护全覆盖，保证了生态系统的完整性，避免了破碎化、孤岛化和"一地多牌"等问题。

二是国家层面保护地应由一个部门统一管理。美国各类保护地主要由四家机构管理。例如国家公园服务局和林务局均有权管理国家保存区和国家游憩区，国家公园服务局、美国林务局和土地管理局均有权管理国家纪念碑，国家荒野地区则被划定在其他保护地内，由多家机构管理，有时荒野地范围还跨越其他机构管理的保护地。多个管理主体容易造成管理的混乱，不利于有效保护，同时易使公众混淆。

三是分级管理，联邦和地方保护地各有侧重，管理模式多元化。将保护地按照重要程度进行分级管理，联邦保护地提供了最重要的基础，保护着美国最重要且最有价值的地域和景观等，次级的保护地则交由地方（州、市、县）政府机构管理，其管理的保护地数量最多，占所有保护地的四成，是联邦保护地数量的 2.4 倍。管理模式则不仅是政府主导，非政府组织、私人土地所有者等均参与其中，形成了联邦 - 地方合作、地方 - 非政府组织合作、联邦 - 非政府组织等合作管理模式，充分调动了社会各级的资源，提高了全民保护的意识和积极性。

四是分类施策，正确处理保护与利用、保护地与当地社区的关系。美国 83% 的保护地为 V 类，即游客可以进入参观浏览，为其游憩、接收教育等提供了保障。但另一方面，自然研究区、濒危或极危动物的保护区、部分国家公园等多为 Ia 或 Ib 类，即对人类干扰活动进行最为严格的限制，施行最严格的保护。依据建立背景、现状、功能、目标等的不同，美国保护地共有 600余类，随之形成的是完善（但不同）的监测评估、财政和人力投入、科技创新、科普宣教体系，平衡了保护与利用的关系。另外，美国较好地处理了保护地与当地社区居民的关系，鼓励、雇佣居民参与保护地管理，与当地企业建立合作关系，提供特许经营机会，同时定期发布评估报告阐释保护地对当地经济、社会发展的贡献，化解了人地矛盾，推进了保护地与当地协调发展。

五是法律体系完善。美国保护地法律体系主要包括《国家公园基本法》《联邦土地政策和管理法案》《原野法》《原生自然与风景河流法》《国家风景与历史步道法》等。上述法律为保护地的确立、管理机构职责、管理规划、后续对其开发利用与保护等提供了基础，小到车辆限制、燃料类型，大到国家公园的设立，都做到有法可依。

六是资金渠道丰富，收支严格。除联邦和州政府拨款外，资金渠道还包括私人捐赠建立的信托基金、休闲游憩费收入、特许经营费、各部门之间的转移支付、法案专项资金等。设立专项资金，专款专用。严格详细编制预算草案，写明科目、种类、依据、用途，并及时广泛公开征询意见。根据收费条件，严格限制专项资金如捐赠、游憩费、特许经营费的用途。联邦和地方保护地均以国会拨款、私人捐赠为主，特许经营、公私伙伴关系（PPP）等也蓬勃发展，为保护地资金提供了基础。

（摘自 Protected Planet、IUCN、NPS、US Fish & Wildlife Service、US Forest Service、US Bureau of Land Management 等网站；编译整理：李想、赵金成、陈雅如；审定：王永海、李冰）

澳大利亚《国家公园年度报告（2016—2017）》摘编

澳大利亚国家公园局近日发布了《国家公园年度报告（2016—2017）》（以下简称《报告》），《报告》共分为七章，重点介绍了 2016 年 6 月至 2017 年 6 月间澳大利亚国家公园的总体概况、组织结构、年度业绩、管理和问责情况、金融报表等内容，现择要摘编如下。

一、最新概况

澳大利亚国家公园局（Parks Australia）是澳大利亚环境和能源部的下属部门，依据《环境和生物多样性保护法》负责保护和管理澳大利亚的 7 个陆地保护地和 59 个海洋保护地，其中包括 6 个成立于 1977 年至 1995 年之间的国家公园和 1 个澳大利亚国家植物园，保护地总面积 283 万平方公里，其中国家公园和植物园面积 2.13 万平方公里，面积最大的 Kakadu 国家公园 1.98 万平方公里。

从保护地类别看，根据国际自然保护联盟 IUCN 的标准，6 个国家公园均为 II 类保护地，允许存在少量的人类干扰；55 个海洋保护地为 VI 类保护地，主要目标是实现对海洋资源的可持续利用；其余 4 个为 Ia 类，即受到严格保护。

从管理方式上则可分为两类：一是联合管理的国家公园，即由于 Uluru-Kata Tjuta、Kakadu、Booderee 等三个国家公园土地私有，基于土著居民和国家公园的租约关系，由国家公园局局长和传统所有者代表共同组成公园管理委员会（National Park Board of Management），共同负责管理国家公园；二是国家公园局直接管辖的其他公园和海洋保护地。

2016—2017 年度澳大利亚国家公园吸引游客超过 138 万人次，比前一年增加了 4%。国家公园的社交媒体渠道吸引用户超过 3040 万，比前一年增加了 77%。

二、组织机构

依据澳大利亚《环境保护和生物多样性保护法案》（*EPBC Act*）和《公共管理、绩效和责任法案》（PGPA），国家公园局是独立企业法人，局长由澳大利亚总督（Governor-General）任命，任期 5 年，每年应向环境和能源部提交年度法定职责履行情况报告。环境与能源部长分管国家公园局，部长及其秘书授权给国家公园局局长行使符合局长法定职权的项目管理权。

澳大利亚公园局机构的行政团队由局长及三位局长助理组成（Assistant Secretary，级别应相当于副局长，译者根据理解注），采取局长/局长助理—司局—处三级管理结构，其中局长直接分管人员和劳力发展司等四个综合司局，三位局长助理按照保护地管理类型和业务重点分管三个业务司局，即海洋保护地司、联合管理司、园区岛屿与生物多样性科研司，具体管理结构详见图 1。

截至 2017 年 6 月 30 日，澳大利亚公园局共有雇员 372 名，其中全职人员 338 名，兼职人员 34 名。管理陆地保护地即 6 个国家公园和 1 个国家植物园的员工为 288 名，其中多数员工工作于三个联合管理的国家公园；海洋保护地员工 50 名。整体来看，雇员人数与上一报告年度相比略有增加，净增长 7%。

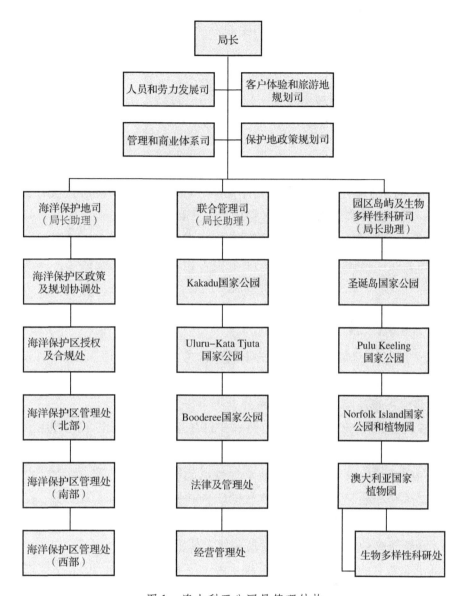

图 1　澳大利亚公园局管理结构

三、财务状况

2016—2017 年，澳大利亚国家公园局总收入 9044 万澳元，比上年增加了 16%。收入来源主要包括基金捐款、财政拨款和门票收入，其中环境与能源部向国家公园提供资金 4283 万澳元，约占收入的 47%，公园纪念品和服务等产品收入 2761 万澳元，约占收入的 30%；支出 8032 万澳元，其中管理、企业服务和执行方面即包括管理、运营、金融、法律、保险、规划、利息和银行收费等支出共计 1356 万澳元；累计结余 1012 万澳元（约合人民币 4931 万元，译者根据汇率换算），而上年则是赤字 478.4 万澳元，因此结余同比增加

1490 万澳元，主要原因是在三年一度的资产评估中，公园和保护地的土地、建筑和基础设施等价值均有所增加。

从管理模式上看，联合管理的三个国家公园结余 152 万澳元，较上年赤字 400 万澳元相比净增加了近 1.4 倍，其中支付给传统的土著领主 487 万澳元；其他国家公园和保护地结余 931 万澳元，与上年赤字 114 万澳元相比增加了近 9.2 倍。

从保护地类型来看，陆地保护地即 6 个国家公园和 1 个国家植物园的运营成本为 5417 万澳元，显著高于海洋保护地司在 2016—2017 年度支出的 750 万澳元，其支出具体包括：保护区管理成本 630 万澳元（规划和现场服务、研究和监测、运营、交流活动以及员工成本），管理规划制定 120 万澳元。澳大利亚国家公园局将在未来三年内获得 2430 万澳元的额外业务资金，以支持扩大海洋保护区的管理安排，包括投资监测技术。

四、重点工作

2016—2017 年国家公园设定的重点工作主要集中在加强土地和生态系统的可恢复性、推动传统所有者参与发展、提高公园对游客的吸引力三个方面。

1. 建设可恢复能力强的生态系统

可恢复能力（resilience）对于支持保护区生态系统和文化可持续性至关重要，主要措施包括如下四项。

一是继续增加投入扭转受威胁物种衰退趋势，减少杂草、驯化野生动物等带来的威胁和影响。对受威胁物种的比例和种群趋势的监测显示，得到监测的物种的数量从 31% 上升到 51%，得到有效管理的比例从 64% 增加至 73%。受威胁物种的数量与上一年度相比增加了 7%。

二是加强对重点入侵物种的管理。与上年相比，2016—2017 年被列为重点入侵物种的数量从 88 个减少到 75 个，对重点入侵物种实施管理的数量从 28 个增加到 45 个，种群减少或稳定的重点入侵物种群从 14% 提高到 23%。这些成就得益于各入侵物种控制项目的实施，使许多入侵物种的繁衍趋于稳定或减低。例如，为应对圣诞岛上的黄足捷蚁（yellow crazy ant），在 2016 年 12 月从马来西亚向圣诞岛投放了 300 只小黄蜂，每月进行一次监测，以确定其应对效果。

三是科学开展迁地保护。迁地保护旨在从生物目前所在地以外的地方开展保育养护，确保珍贵物种的恢复和长期生存。开展了国家植物园和国家种子库的受威胁植物种的种植和种子储存工作；在圣诞岛上饲养蓝尾石蜥和李斯特壁虎，使得这两个物种免于灭绝。在规划迁地保护项目时，进行了详细的风险评估和可行性研究，包括：保护行动必要性，潜在的种群来源以及如何最大限度地减少从中获取个体造成的影响，物种的生物学及其栖息地要求，动物伦理和福利，收集、保存和释放生物体的时间、地点和数量，引入带来的新的病虫害风险，监测新种群进展并将结果用于支撑未来的管理层安排等。

四是编制联邦海洋保护区的新管理计划，增加海洋保护区的长期监测点。编制新管理计划按照两个法定磋商程序进展顺利。磋商完成后，管理计划经完善后提交议会批准，预计将于 2018 年生效。在新规划出台之前，海洋保护区按照过渡性管理规划实施管理。为配合现有规划向新规划的过渡，增加了海洋保护区长期监测点的数量，在所有海洋保护地均实现了对珊瑚等海洋植被、海洋环境、生态条件等的全面监测。

2. 为土著居民创造就业机会

一是增加了直接或间接为公园提供服务的土著员工数量。在 2016—2017 年，澳大利亚公园在职员工（含临时工）中有 154 人（29%）是土著居民或托雷斯海峡岛民（Torres Strait Islander），比上年度的 116 人增加 23.5%。另外，土著群体共同管理的公园中的原住民员工的比例较高。Kakadu 国家公园 62% 的雇员为土著居民，Booderee 国家公园 66% 的雇员是土著居民。

二是在三个联合管理的国家公园中各设立一个土著学员培养岗位。接受培养的土著居民通过支付学徒费完成中等教育课程，获得国家认可的保护和公园管理培训证书。国家公园局为学员提供在职经验教育，例如巡护协助、自然资源管理等。该计划旨在提高当地人的技能，特别是在保育和土地管理方面。

三是继续利用购买力为土著居民和传统业主创造经济的联邦土著采购政策，于 2015 年 7 月 1 日开始保留土著承包商。截至 2017 年 6 月 30 日，与 28 家土著供应商签订有 99 份分包合同，总额超过 210 万美元。93% 的合同涉及偏远地区的工作。

3. 提高游客满意度，扩大宣传

一是在试点公园推出了净推荐值评价系统。净推荐值（又称净促进者得分，NPS）是国际公认的衡量游客满意度和顾客忠诚度的标准。国家公园局利用 NPS 评估了 Kakadu 国家公园游客满意度，结果表明满意度高达 88.2%，比 2015—2016 年提高了 13.7%，国家公园局计划在今后几年将该评分方法推广到其他公园。此外公园局还与墨尔本大学合作研究澳大利亚公园保护区和其他州的保护区访客调查和计算方法，改进了针对所有保护地的标准化访客调查问卷。

二是打造品牌形象升级活动。2017 年 7 月推出了一个新的海洋公园品牌，并采纳了将"联邦海洋保护区"更名为"澳大利亚海洋公园"的建议，以帮助提高对这些特殊场所的认识。公园局还投资更新了官网，并对一些重要和特色活动进行了直播，观众能够通过手机等设备观看到世界著名的红蟹产卵过程，并可与工作人员进行互动。

三是开展高科技虚拟浏览活动。国家公园局与 Tourism NT 和 Google 合作，在 Uluru-Kata Tjuta 国家公园推出"谷歌游客（Google Trekker）"创意活动，推出"虚拟漫步"和"故事会"等活动，让观众可以参观游览，并欣赏传统歌曲和故事。活动目前已形成超过 200 篇文章与超过 4 亿人的读者群，并受到网站、报纸、电视和社交媒体等的关注。

五、对我国的启示

综上介绍，澳大利亚国家公园和保护地管理系统组织结构完善，资金机制多元，工作重点突出，对我国国家公园的发展和管理可能有如下启示。

一是高度重视监测工作。对公园和保护地内受威胁的物种进行了全面细致的监测，完善了海洋生物和海洋生态环境的监测体系，并继续加大监测设备投资力度。及时发布监测结果，为下一步工作重点提供基础。

二是正确处理与当地社区的关系。国家公园局雇佣、培训当地居民参与管理工作，同时推动当地居民参与公园建设，建立经济合作关系，推动了地方经济发展，化解了潜在的矛盾。

三是加强高科技和社交媒体创新应用。与谷歌等高科技公司合作，推出虚拟游园技术。另外在社交媒体平台上发布消息，直播特色活动等，为距公园较远的游客提供参观参与的便利条件。

四是及时总结报告，制定发展规划。将年度公园表现统计量化，总结取得的成绩和存在的问题，形成年度报告并公开发布，保证了社会公众的知情权。同时根据问题导向，制定年度发展规划，为国家公园和保护地科学健康发展提供依据和路径。

（综合摘自 Parks Australia 网站 https：//parksaustralia. gov. au/about/以及 Director of National Parks Annual Report 2016 – 2017；编译整理：李想、赵金成、衣旭彤、陈雅如；审定：王永海、李冰）

韩国国家公园基本情况介绍

应韩国国家公园管理公团来函邀请，国家林业和草原局派代表于 2018 年 6 月 3 日至 7 月 1 日赴韩国参加 2018 年韩国国家公园友好项目。韩方将学习主要安排在其泰安海岸国家公园，让学员亲身体验实践韩国国家公园资源保护与监测、设施建设、游客体验、安全管理、社区发展和志愿者服务等方面的经验，现汇总介绍如下。

一、韩国国家公园整体概况

1. 基本情况

韩国自 1967 年建立第一个国家公园——智异山国家公园以来，目前共建立 22 个国家公园，包括 18 个山岳国家公园（mountain national park）、3 个海岸国家公园（marine national park）和 1 个历史遗迹国家公园（history national park），公园面积累计为 6726 平方公里，其中陆地面积为 3972 平方公里，占韩国国土面积的 4%。除汉拿山国家公园由所在地政府自治管理，其他 21 个国家公园均由韩国国家公园管理公团垂直管理。2007 年 1 月 1 日起，韩国国家公园实施免收门票政策，发展主旨是"健康的国家公园，快乐的民众"（Healthy National Park, Happy People）。

2. 资源情况

韩国国家公园拥有丰富的自然生态资源。其中，全部生物物种达 20568 种，占韩国生物物种的 45%，濒危物种有 160 种（一级濒危物种 29 种，二级濒危物种 131 种），占全国濒危物种的的 65%。

3. 管理机构

韩国国家公园管理公团（Korea National Park Service）成立于 1987 年，是韩国唯一的专业管理国家公园的机构。该管理公团最初由建设部授权成立，1991 年转由内政部授权，1998 年转由环保部授权，并一直延续至今。该机构的管理目标是资源的保护与管理、社区的可持续发展、公众的休闲游憩。

4. 法律保障

目前，韩国直接管理国家公园的法规是《自然公园法》，该法主要规定了有关自然公园指定、保全及管理方面的事项，包括公园的指定和管理、公园管理局的设立、功能分区的设立和禁止行为等。

二、韩国国家公园对我国的启示

韩国国家公园特点鲜明，对我国有以下五点启示：

1. 应建立灵活的员工工作机制

韩国国家公园管理局为非盈利机构，工作主旨为生态保护。为防止国家公园工作人员与当地社区或政府合作获得非法盈利，韩国国家公园工作人员实行轮岗制，每人在每个国家公园工作时间为 4～10 年，达到工作期限后则调入其他国家公园。此外，韩国国家公园工作人员编制也存在明显不足的问题，其解决办法为大量雇佣非专职人员，从事巡护等工作，正式职工基本由高学历专业人员组成。

我国国家公园正式建立后，也可考虑轮岗制，一方面通过轮岗制带来的信息与人才的交流有助于不同国家公园相互取长补短；另一方面，可以杜绝非法盈利。目前我国国家公园在试点建设中，人才、技术的短缺是个普遍共性问题，可以考虑借鉴韩国经验将有限的编制用来引进专业技术人员，同时雇佣非专业人员并完善人员管理机制（如生态管护公益岗位），在缓解人才短缺压力的同时，增加当地就业机会，带动社区发展，缓解社区矛盾。

2. 应高度重视并妥善解决社区发展冲突问题

韩国国家公园在处理社区冲突问题上，充分尊重社区百姓意见。以泰安海岸国家公园为例，由于社区冲突过于激烈，人气最高、景色最美的 Mallipo 沙滩在 2011 年规划更新后不再属于国家公园范围。实地调研过程中可以明显感觉到沙滩附近旅游业十分发达，但对生态系统干扰严重，非常不利于保护。

我国在国家公园体制建设过程中，一方面应充分听取社区意见，如建立社区合作委员会（Local Cooperation Committee），由政府、当地社区居民代表和公园管理局干部组成，共同商讨解决国家公园建设中有争议的问题，如边界及特许经营等；另一方面也应吸取韩国教训，不应无限放大社区话语权，解决社区冲突的前提必须是切实保护好生态系统的原真性和完整性。

3. 应清晰界定国家公园的边界

韩国国家公园，无论是山岳型，还是海岸型，均无清晰边界，也无任何代表边界的标志物。尽管如此，工作人员和当地居民对边界情况非常清楚，这也得益于韩国国家公园面积均不太大，但对于游客来说则无法明确活动范围和行为规范，执法难度较大。

我国国家公园面积大、资源种类丰富、地形复杂，且多个国家公园跨行政区域，因此，为规范国家公园管理工作、有效避免或缓解社区冲突，应把严肃认真做好国家公园范围落界、功能区划落界和现地核查工作放在首要位置。在试点阶段组织专业团队进行科学落界，试点结束后，根据试点中存在的问题重新小范围调整公园范围和功能区划界限，确保国家公园界限清晰、自然资源资产本底数据准确。

4. 应完善游客服务设施

韩国国家公园的基础设施完善，无障碍道路、宿营场地、紧急避难所、游客中心、卫生间等设施具有极高的功能性和便利性。同时，园区提供针对不同人群的多种游客体验活动，如面向幼儿园儿童的国家公园海洋课堂、面向小学生的国家公园自然体验课堂以及面向成人的生态体验活动等。通过调研可以感受到，韩国公民的生态保护意识水平很高，6 岁儿童即可说出 10 种以上园区保护物种。

我国《建立国家公园体制总体方案》中提到，国家公园的首要功能是重要自然生态系统的原真性、完整性保护，同时兼具科研、教育、游憩等综合功能。这就决定了我国国家公园游憩体验的特殊性，将不同于一般意义的以访客需求为中心的旅游式体验（如韩国模式），而是以坚持生态保护第一和全民公益性为原则的游憩体验。但在打造集自然教育、生态体验等于一体的综合游憩体验体系方面，韩国国家公园在游客服务上的细化和细致程度值得系统学习和借鉴。

5. 应完善志愿者服务机制

韩国国家公园的志愿者服务体系发达，呈现宣传力度高、公众参与程度高的特点。以泰安海岸国家公园为例，2017 年累计志愿者人数达 1416 人，工作时间达 6324 小时。韩国志愿者服务体系不设入门门槛，在公园主页上通过注册申请就可以成为一名志愿者，参与内容、参与时间均可自行选择。如果一名志愿者的年工作时间大于 70 小时，同时接受教育时间大于 10 小时，就可以成为一名特别的志愿者，园区会发放工作制服，并定期组织召开志愿者活动等。

志愿者服务可以使公众增进对国家公园的自然、历史、文化价值的理解，促进公众对国家公园建设工作的支持和参与。我国在国家公园体制探索阶段，也应组织专家力量，根据不同国家公园和周边社区特点，因地制宜地制定科学、完善的志愿者服务专项规划，增强公众参与程度、强化生态保护意识。

（供稿：张多、李想、赵金成、陈雅如；审定：王永海、李冰）

IUCN 等机构联合发布报告讨论保护地旅游管理

近日，世界自然保护联盟（IUCN）世界保护区委员会（WCPA）、联合国生物多样性公约（CBD）、法国 – IUCN 伙伴关系（France-IUCN partnership）和德国联邦经济合作与发展部（BMZ）联合发布《保护区的旅游和游客管理可持续性指南》（*Tourism and Visitor Management in Protected Areas-Guidelines for Sustainability*）的报告，报告总结了当前保护地旅游面临的挑战，重点讨论了保护地旅游的治理、法律和政策背景、旅游对保护地的影响、保护地旅游的适应性管理、旅游收入对实现保护目标的影响、旅游活动的注意事项、最佳案例以及未来发展趋势等问题，对保护地旅游的可持续发展有一定指导意义。

报告指出，总体来看，保护地旅游业价值巨大，主要表现为三方面：一是旅游业可加强游客与保护地价值的联系，使其成为一种潜在的积极保护力量；二是作为全球旅游业的重要组成部分，保护地旅游业的规模对经济、社会、文化、生态环境等均有重要影响；三是可持续的旅游业可以直接为全球协议的目标作出贡献，例如《2011—2020 年生物多样性战略计划》、联合国可持续发展目标等。

然而，不适当和管理不善的旅游业可能会对保护地的生物多样性、景观和资源基础造成负面影响。保护地管理人员面临的压力越来越大，既要提供有意义的游客体验和保护管理所需要的收入，又要防止旅游业损害保护地的生态完整性和相关的保护价值。

具体来看，报告结合世界各地保护地的实践情况，就以下关键问题提出了指导建议：

一、治理、立法和政策

报告建议采用一种灵活的方式，根据不同保护地的治理类型，确保利益相关方特别是原住民和当地社区能够适当地参与保护地旅游的决策过程。最佳实践包括：一是鼓励制定符合"三重底线"的国家旅游政策，即有助于保护自然（生态环境价值），为保护地管理当局和业主创造经济利益，以帮助支持管理成本，并为当地社区提供可持续的生计机会（经济价值），有助于丰富社会和文化（社会价值）；二是确保保护地的旅游规划遵循一个基本的四步过程，即基本的生态环境和社会评估—概念模型—设计场地规划—监测和评估系统；三是与所有利益相关方合作制定旅游管理计划；四是为游客提供更广阔的环境管理问题平台；五是遵循国际上通过的旅游和生物多样性指导方针，为旅游及其影响提供政策、规划、管理和监测的框架。

二、保护地旅游业的影响

保护地旅游业影响广泛，为帮助利益相关者更好地体验到旅游业的正面影响，报告提出三点建议。一是支持基于社区的旅游市场服务；二是开展商业发展和管理技能方面的培训；三是在保护地重新构建游憩活动，以满足社区的需要，并实现更高层的社会目标。

三、管理目标与旅游业影响之间关系

理顺保护地管理目标与旅游业影响的关系有助于提高管理效率，提高公共意识，增加社区支持。应将旅游基础设施管理、商业旅游、游客参观管理等融入规划中，以实现保护地管理目标。

具体实践经验包括：一是选择设计旅游点和施工材料时，应注重减少对保护地的损害，材料应具备耐久性、可回收性、可用性和可持续性等特点；二是基于保护地的价值、管理目标及相关指标和标准，设计基于标准的管理框架；三是组合使用游客管理工具和技术，以相互加强和互补。

四、可持续旅游业的适应性管理

可持续的旅游业需要适应性管理，具体应关注保护地设施使用情况、公民参与、伙伴关系、宣教、信息技术、市场营销等。具体的最佳实践包括：一是通过公民科学充分调动志愿者的技能和热情；二是提供适当的技术和充足的资金，协调和整合对生态环境和社会影响的监测；三是在选择游客管理工具或实践之前，了解哪些价值是受保护的；四是在环境教育节目中突出强调保护地的价值；五是利用生态环境和保护地教育节目吸引游客；六是参与市场策略前，深入研究和分析不同的要素。

五、可持续旅游管理的能力建设

主要关注通过旅游加强管理者、社区和其他利益相关方在管理游客、伙伴关系财政创收方面的能力建设，应包括全面的技能和知识评估，清晰的培训目标、创造性的伙伴关系，以及恰到好处的技术整合等。其具体最佳实践包括两方面：一是评估当地社区提供旅游服务的能力；二是确保与合作伙伴相关的所有工作都得到官方的认可。

六、保护地的财政管理

管理旅游的收入和成本最终要实现保护效益，需要考虑的因素包括财政评估，考虑所有费用和特许经营、建立透明、公平和有效的收入分享机制。世界各地的最佳实践包括：一是设定门票费之前系统评估保护地的财务状况；二是与旅游经营者签订合同时，规定要支持可持续的实践和保护地的保护目标；三是与经销商达成协议，雇佣一定数量的当地员工，尽可能在当地消费，并将服务外包给当地企业。

七、保护地旅游面临的挑战

当前保护地旅游业面临一系列挑战，主要包括人口增长和气候变化对保护地旅游需求、活动类型、利用模式等的影响，以及管理者的适应能力、减缓上述影响的策略和沟通技巧等。

（摘自 Tourism and Visitor Management in Protected Areas-Guidelines for Sustainability；编译整理：李想、赵金成、陈雅如；审定：王永海、李冰）

IUCN 发布《2018 年受保护地球报告》

世界自然保护联盟 IUCN 近日发布了《2018 年受保护地球报告：追踪全球保护地目标的进展》，该系列报告两年出版一次，旨在评估世界各地的保护地状况。报告内容基于由联合国环境署 – 世界保护监测中心和 IUCN 共同管理的世界保护区数据库（WDPA）中包含的数据以及其他相关资源。

结果显示，全世界陆地面积的 15%，以及全球海洋 7% 以上的区域受到了较好的保护，全球有望实现重要的生态保护目标。报告审查了"爱知生物多样性目标"（简称"爱知目标"）（Aichi Biodiversity Targets）11（保护地目标）的进展情况，该目标旨在到 2020 年对 17% 的陆地和 10% 的沿海和海洋区域进行有效和可靠的管理解决生物多样性丧失问题，确保自然资源的可持续利用和利益公平分享。报告认为，世界正在按计划实现"爱知目标"11 的覆盖范围，但仍需付出更多努力实现保护目标其他方面的进展。报告的关键信息包括：

一是陆地和海洋保护地覆盖范围逐渐扩大，海洋保护地覆盖范围增速快于陆地保护地。随着各国政府一致努力实施本国的承诺，海洋及陆地保护区面积均可能于 2020 年前达成目标。

二是虽然各类保护地对生物多样性和生态系统服务重点区域缺乏足够的保护，但是对海岸沿线地带的关键生物多样性区域（Key Biodiversity Area）保护工作已经取得了显著进展。截至 2018 年，21% 的关键生物多样性区域被保护区完全覆盖。平均而言，陆地、淡水和海洋的关键生物多样性区域几乎各有一半位于保护地内。

三是保护地系统覆盖了更多的生态系统，陆地生态保护区内有 43.2% 的生态区实现了陆地保护区覆盖率达到 17% 的目标，海洋保护区有 45.7% 的生态区实现了海洋保护区占 10% 的目标。然而，近海以及淡水生态区保护方面尚有欠缺。

四是有效管理的保护地有力地促进了生物多样性保护，但世界保护地数据库（WDPA）中的保护地中仅有 20% 进行过管理有效性的评估。由于缺乏系统的报告、没有一致的数据和用于评估有效性的工具的多样性有限，很难跟踪这方面的进展。

五是保护地的公平治理和管理是"爱知目标"11 的关键方面。尽管现阶段对理解保护地公平性已经有了一些方法和框架指导，在评估落实方面尚显不足。2020 年及以后，应将加强系统和站点规模的评估列为优先事项。

六是保护地的连通性对于保持种群数量以及维持生态系统至关重要。全球尺度的保护地连通性评估标准已经建立，并揭示全球半数的保护区目前已经连通。30% 的国家实现了"爱知目标"11 的连通性要求。然而，由于生境不断遭到破坏和破碎化，加强保护地的连通性仍是重大挑战。

七是"其他有效的地区保护措施"（other effective area-based conservation measures, OECMs）的定义及其识别的指导纲领已经被推荐纳入《生物多样性公约》第十四次缔约方大会备选决议列表中。然而，全球现有的 OECM 基准仍待确认。

八是将保护地纳入更广泛的陆地和海洋景观要求健全的空间规划，在考虑生物多样性的同时兼顾其他方面的协同发展。很少有国家制定空间规划来加强整合，大多数国家也没有将相关规划纳入有关法律和政策，导致追踪这一要素的进展仍然存在困难。

九是政府和其他利益相关方将很快审查 2020 年后的全球生物多样性框架。空间保护工作对生物多样性和可持续发展至关重要。

（摘自 Protected Planet Report 2018：Tracking Progress Towards Global Targets for Protected Area；编译整理：李想、赵金成、陈雅如；审定：王永海、李冰）

第二篇

草原管理

美国和澳大利亚草原资源管理经验介绍

草原资源管理可分为两个层次：一是制度上的保障，为资源管理提供法律依据；二是根据不同分布区草地资源的自然属性开展的科学管理措施，以提高产草量，支持畜牧业的可持续发展。美国和澳大利亚国土面积大，天然草原资源丰富，重视草地管理，草地投入较多，以天然草原为畜牧业生产基地，发展人工草地，草地生产力水平较高。

一、草原资源管理模式

（一）美国草原管理模式

草地和牧场（range and pasture lands）是不同类型的土地，主要植被是草本植物和灌木。草地和牧场分布于美国的所有 50 个州，私人拥有的草地和牧场占了毗连 48 个州总面积的 27%（213.7 万平方公里）。其他放牧地（grazing lands），包括放牧的林地、放牧的农田，牧草和原生/规划牧场，约占美国总放牧地面积的 17%（64.75 万平方公里）。

1. 草原产权形式

美国的草原包括国家（联邦政府和州政府）所有和私人所有两种所有权形式，管理形式也不相同。美国永久性草地 2.4 亿公顷，40% 为国家所有，60% 为私人所有；而中部大盆地地区的天然草原以国有为主，租赁给私人使用。美国超过一半的草地为休闲用地，主要功能在于生物多样性保护、生态调节等[①]。国家所有的天然草原主要实行许可证管理制度，土地管理局和林务局根据牧民申请发放放牧许可证，租赁给私人承包使用，并根据草原植被的区域差异分别确定放牧数量；私人所有的草原主要通过政策指引和技术推广等方式加强私人牧户对草原的保护。保护好草原生态并持续利用符合相关主体的最大化效益选择，最终通过明确产权形成私人保护为主的草原保护格局[②]。

2. 草原土地用途管理

美国对土地进行分类管理，公共土地（指美国在多个州内拥有的土地和利

---

①　缪建明，李维薇. 美国草地资源管理与借鉴[J]. 草业科学，2006, 23(5):20-23.

②　杨振海，李明，张英俊等. 美国草原保护与草原畜牧业发展的经验研究. 世界农业，2015(1),36-40.

息)归内政部土地管理局管理，私有土地归农业部自然资源保护局协调管理。政府着重对公共土地的开发、利用进行规划和统一管理，国家有权对其进行转让、出租、抵押和买卖等，有权改变土地用途。私营牧场的经营政府不能干涉，但牧场必须遵守环境保护和保护公众利益方面的法规。政府购买退化的私人牧场，将其使用权转给更为合适的经营者。采用保护地权交换的方式保护草场，即开发一定面积的草原，需要在另一地区建立被开发土地五分之一面积的保护区，另外成立信托基金，委托农业专业机构进行管理①。

3. 草原生态环境管理

美国将草原视为重要生产资料的同时，高度关注草原的自然生态属性，将草原作为重要的自然资源和环境影响因子来保护和管理，颁布《多用途和持续生产法》《联邦土地政策与管理法》等多部法律。《国家环境政策法》首次提出了环境影响评价制度，将人与环境和谐共处的关系法律化，为加强草原保护建设提供了法律支撑，也为草原生态评价和预警技术的发展与应用打下了坚实基础。通过在土壤上保持永久性营养覆盖物来管理良好的放牧式牧场，增加土壤有机质，改善田间养分分布，从而保护土壤、水、空气、植物和动物资源。

建立草地健康评价体系，监测和控制草地利用。草地健康评价由专业草地评价师完成，评价师由政府统一认证，根据草地评价得到的健康程度确定草地利用方式和程度。现今草原地区已经大量转化为其他用途，威胁和消减北美独有的植物和动物群落。因而在土地上进行普通放牧，应与该地原生的天然草和灌木种类的生存能力一致，避免杂草种类侵占；禁止种植庄稼、果树、葡萄园或其他农作物，避免其破坏表层土壤。

4. 草原利用管理政策

草原利用精细化管理。根据气候、土壤等条件划分草地管理单元，不同地区形成不同草原生态单元，分类指导草原管理；目前美国草原生态区位置、类型等信息已经录入数据库并在互联网公开，精确指导牧场科学管理。草原放牧实施管制政策。一是围栏放牧。通过围栏把草地围成一定面积的放牧区域，家畜按一定区域和时间轮牧，设立可移动饮水设施或是在轮牧分区中设立相对固定的水池，用微量元素和盐分补充槽来管理草地，防止草地过度利用。二是合理搭配牲畜种类，大小型牲畜搭配，同时充分利用不同层次的植物。三是本地物种保护。通过火烧控制外来物种数量，保障本地物种生长。

5. 草原保护和利用的经济政策

一是税费政策补偿草地生态价值。公有牧场的私人放牧活动导致生态恶

① 陈洁. 典型国家的草地生态系统管理经验. 世界农业,2007(5):48－51.

化，影响社会效益，通过收取畜牧费来补偿草地生态效益；对于大量的私人农场，则通过征税来约束草地资源利用，补偿草地资源生态系统的价值损耗①。二是放牧管制保护草原生态。执行 1934 年颁布的《泰勒放牧法》，限定放牧范围和放牧量，防止草原退化和水土流失。重视天然草原保护，天然草原基本不放牧，超过一半草地为休闲用地；家庭牧场主要通过人工草地和一年生饲草基地进行。三是特别推行自然保护项目（CRP），生产者可以在签约期内通过竞标将易受侵蚀的土地纳入保护区，10 年内退出生产，竞标成功的农场主每年将获得租金和技术支持。

（二）澳大利亚草原管理模式

澳大利亚属热带亚热带地区，草原面积 319.46 万平方公里，牧场面积占世界牧场总面积的 9.76%，天然草场占国土面积的 41.58%；其东南沿海地区草地畜牧业较发达，中部和北部干旱半干旱地区自然条件较差，放牧仍是主要的土地利用方式。

1. 草原产权形式和土地用途管理

澳大利亚的草地资源大部分归私人农场所有，政府仅有（联邦政府和州政府）的一部分草地大多比较贫瘠，通过较低的租金租给私人农场。政府管理机构的职能主要在于监督和支持私人农场的草地保护。其强调土地租赁必须用于农业或放牧，并且土地用途不可随意变更，除非经过牧养委员会批准。牧场租赁通常由政府和牧户签订合同，规定使用年限及放牧的具体区域。司法部门在其中发挥重要作用，阐明总体义务，政府代表会与个人就特殊资产要求进行谈判；运营牧场企业的租赁者则需要遵循以下要求：防止土地恶化、在财政允许条件下努力提高土地状况等。鼓励社区化管理模式，牧民、基层组织及相关技术推广部门共同参与草原管理，强调保护牧民的利益，社区和牧民共同协商草场管理方式，共同承担草场利用后果，提高牧民环保意识，促进当地经济发展，实现草原有效保护②。

2. 草原生态环境管理

澳大利亚高度重视生物多样性的保护。1996 年制定《为保护澳大利亚生物多样性的国家战略》，颁布"国家杂草治理战略"，强调资源管理与生态系统管理的合作与统一，在国家治理项目计划中有效分配资源，并在生态敏感地区实行自然保护区制度。澳大利亚正在致力于建立起覆盖整个澳洲大陆所有草地类型的保护网络，其环境和能源部已经实现国家生态状况评估的规范化。

---

① 李海鹏,叶慧,张俊飚. 美、加、澳草地资源可持续管理比较及启示. 世界农业,2004
(7):16－19.

② 李博,司汉武. 国外草场精细化管理对我国草场可持续发展的启示. 广东农业科学,
2013(8):56－59.

3. 草原利用管理政策

澳大利亚牧场普遍实行围栏放牧和划区轮牧。春、秋季在人工草地上放牧，夏季在天然草地上放牧。实行打草场轮刈制，以最大限度地提高草地产出；牧场主要掌握草场放牧强度，合理安排放牧时间，确定载畜量和配置畜群结构。由于大部分牧场是专业牧场，畜群规模不大，草场基本上可以得到充分的休养和利用。另外，通过建立人工草场和回收储备干草等方式来解决牧草季节性供给不足问题，并结合不同季节的生长状况确定家畜养殖。

4. 草原保护利用的经济政策

澳大利亚推行可持续放牧战略，实施休牧或者削减载畜率，以提高草地生态状况；生态保护政策影响牧场主短期经济利益，政府通过推行减税以及经济补贴来激励牧场主执行这项战略①。政府对适用先进技术的牧场给予免税补贴，对遭受自然灾害的牧场给予经济补贴，对牲畜买卖实行 5 年的缓税政策②。

5. 草原科技管理政策

政府重视草原科技服务。政府管理部门结合科研院所、农业技术推广机构、农业咨询公司等为草场管理提供技术及咨询服务。具体形式包括报纸、电视和网络等媒体，宣传相关先进技术及草场病虫害防治知识，帮助农户制定草场保护决议；通过农技人员和推广专家介绍草场耕作方法的使用范围和优缺点，合理进行耕作方法选择。

二、对我国草原资源管理的启示

（1）进一步完善草原生态保护政策，保障政策持续性　草原生态保护是一个长期性、系统性工程，需要政策的持续与稳定，给予草原承包经营者稳定的政策预期，使其重视草原利用的长远收益，避免盲目追逐短期经济利益。稳定财政投入，加强草原监管，保障具体政策和工程项目落实。完善草原生态保护补助奖励政策，促进禁牧封育、草畜平衡政策落实，实施季节性休牧和划区轮牧，推进退牧还草、退耕还草工程等草原生态建设工程，协调草原利用与保护，促进草原生态恢复。

（2）明晰产权，利用市场机制激励农牧民保护草原　稳定和完善草原承包经营制度，推进草原承包经营权确权到户，最大限度地明晰草原产权归属，提高草原拥有者的权利意识及保护意识。明晰产权，权利、责任及利益划分

---

① 李海鹏,叶慧,张俊飚. 美、加、澳草地资源可持续管理比较及启示. 世界农业,2004 (7):16 - 19.

② 唐海萍,陈姣,房飞. 世界各国草地资源管理体制及其对我国的启示. 国土资源情报, 2014(10):9 - 17.

明确，不仅利于草原的监督管理，而且有利于草原的适度开发与合理使用。创新经营方式，可以采取租赁、联营、股份合作等多种草原利用方式，提高草原利用效率。

（3）加强草原科技推广，建立产学研紧密结合的产业技术体系　加强信息化建设，加强草地生态系统监测，建立各地草原详细扎实的基层数据库，促进草原科学管理。在此基础上，重视多部门的合作与功能发挥，政府部门给予基础性研究资助，科研机构负责关键技术研发，推广机构负责先进技术与农牧民的衔接，加强与合作社等基层组织的密切合作，注重农业技术推广人员的组织与培训。实现产学研一体化，形成从实验室研发到实践应用的高效转化。强化科技支撑，重视人工草地建设，推广现代化草地管理技术，防控草原自然灾害，提高草地产量与质量。

（4）创新草原管理模式，推进草原精细化管理　完善草原基础数据，依托技术服务部门，建立最小"生态单元"进行精细管理；合理布局家庭牧场，完善棚舍、围栏、牧道及饮水源等基础设施建设，提高草原管理水平。鼓励参与式管理。重视农牧民的本土化知识，吸引社会力量参与草原利用与保护，发挥农牧民在草原生态保护中的主体作用。强化草原生态环境管理，开展草原健康状况监测，及时提供预警服务。

（编辑整理：王建浩、张志涛；审定：王永海、李冰）

《美国国家草原管理白皮书》摘编

美国林务局国家草原评估团队在评估时发现，国家草原管理的法律、法规和政策没有得到公众甚至是林务局员工的充分理解和接受，为此决定编制发布《美国国家草原管理白皮书》（以下简称《白皮书》），明确并解释适用于国家草原管理的法律法规，增进林务局工作人员对上述法律和条例的了解和理解，在不同国家草原上发生的类似案件中更一致地适用法律，做到有法可依，提高草原利用与保护工作的针对性。

《白皮书》发布后效果显著，厘清了国家草原管理方面的误区和盲区，成为美国国家草原管理的标志性文件。《白皮书》主要分为四部分：第一部分简要介绍了当前由林务局管理的国家草原的数量、面积和位置；第二部分回顾了建立国家草原过程中的重大事件；第三部分为适用于国家草原管理的法律和机构；第四部分是关于国家草原管理的一些常见问题，包括放牧管理、国家草原收购和处置、基础设施建设、管理费用收取和支出等。本文结合我国实际，重点摘编了白皮书中涉及美国国家草原的法律体系，以及草原管理方面如放牧、草原基础设施建设、收费管理等内容，现整理如下。

一、美国国家草原概况及特点

美国国家草原（national grassland）是美国国家森林体系（national forest system）的重要组成部分，于 1960 年正式设立，自 1973 年起，由美国农业部林务局管理至今。目前美国有 20 个国家草原，分布在 13 个州，总面积约为 400 万英亩（约 1.6 万平方公里），其中主要分布在科罗拉多州、北达科他州、南达科他州和怀俄明州，四州共有 9 个国家草原，面积约为 1.28 万平方公里，约占国家草原面积的 80%。

美国国家草原生态功能重要。草原的生态功能主要体现在保持水土、促进雨水入渗、提供清洁水源、维系土壤生产力，保护生物多样性等方面。国家草原为衰退、受威胁或濒临灭绝的物种提供了重要的栖息地和营养源，野牛、麋鹿、土拨鼠、黑脚鼬、响尾蛇等物种十分常见。

美国国家草原用途多样。除放牧外，国家草原还有三个重要用途：一是矿产丰富，重要矿产包括石油和天然气；二是旅游资源和游憩功能突出，在国家草原可开展山地自行车、徒步旅行、狩猎、钓鱼、摄影、观鸟和观光等活动；三是历史资源丰富，目前已在国家草原发现化石、史前和历史资源、以及许多文化遗址等，因此得到了更多的保护。

国家草原的设立有力地保护了草原生态系统，也提供了生态系统服务及各种商品，也有助于维持乡村经济的发展，保留原有生活方式。

二、美国国家草原的适用法律

涉及国家草原最早的法律是国会于 1937 年通过的《班克－琼斯农场佃户法》（*Bankhead-Jones Farm Tenant Act*），该法主要针对 20 世纪 30 年代美国大萧条时期的农业困境，授权农业部长指定土地保护和利用计划，旨在通过购置和改善次边际土地（即质量较差且生产力较低的土地）以减少破坏性的耕种实践，同时带动农民增收。1938—1946 年间，政府收购了 260 万英亩土地，随即开展了大量的种草、修建道路、建筑等基础设施、修建蓄水设施等土地修复活动，这些活动创造了超过 5 万个就业岗位，缓解了大萧条的负面影响。

在 20 世纪 60—70 年代，国会通过了几项法律，以应对生态保护运动的严峻形势和对国家森林管理的不满。这些法律中有许多适用于国家草原的管理，具体包括：

1969 年，美国国会颁布了《国家环境政策法》，第 42 章第 4321 条要求联邦机构评估"重大行动对人类环境质量的显著影响"。

1973 年，国会颁布了《濒危物种法案》，该法案要求联邦机构确保它们的行动不会危及任何濒危物种的存在，也不会破坏这些物种的重要栖息地。

1974 年，国会颁布了《森林与牧场可再生资源规划法案》(P. L. 93 – 378，以下简称"RPA")，该法案要求林务局对可再生资源进行评估，实施可再生资源计划，进行资源盘点，并明确了草原属于国家森林体系。

除了上述法案外，还有一些适用于国家草原的联邦行政法规（Code of Federal Regulations，简称 CFR）。其中最重要的是 CFR 第 213 条（以下简称"213 条例"）提出的关于国家草原的一般规定，即国家草原由农业部"永久拥有"，其管理遵循"保护土地和多种利用的原则，促进草地农业的发展，实现牧草、鱼类、野生动物、木材、水和游憩资源等的可持续产量管理……"，保持和改善土壤和植被覆盖，制定相关政策，开展安全牢靠的土地保护活动，促进与国家草原相邻的私人土地管理。

"213 条例"还明确规定，在不违反《班克黑德－琼斯农户租佃法》规定的范围内，适用于国家森林的其他规定，同时适用于对国家草原的保护、使用、占用和管理。因此，在 CFR 第 36 章中规定的牲畜放牧、木材采伐、采矿治理、特殊使用、禁止、行政申诉等方面的管理均适用于国家草原。

综上所述，林务局在符合所有适用的联邦法律和法规的前提下负责管理国家草原。《班克黑德 – 琼斯农户租佃法》是适用的基础法律之一，此外还有许多其他的法律法规也适用于国家草原。林务局必须在其决策过程中考虑到所有这些法律。

三、美国国家草原的具体管理

（一）放牧管理

1. 放牧协议与放牧协会

美国国家草原的放牧主要依据放牧协议进行管理。该协议也是一种放牧许可，由林务局依法授权给合格且具有资质的放牧协会在国家森林体系的土地上进行放牧活动，放牧期限最多为 10 年。在签署放牧协议前，林务局必须根据《国家环境政策法》评估该决定对草原环境的影响。据此批准放牧的管理方向，制定分配管理计划（AMP），并使之成为放牧协议的一部分。

放牧协会依规成立，是一个独立的法律实体，由董事会和高级职员负责管理。其职责主要是：发放放牧许可证，为其成员提供管理牲畜的方式，与林务局官员会面，通过协商解决会员的顾虑，分担处理牲畜的费用，建设和保养放牧设施，确保资源的合理使用等。

放牧协会可以依法向符合条件的牧场主发放许可证，授权其租赁基础设施，在国家草原放牧。若牧场主违反放牧许可证的要求，放牧协会可以取消或吊销其许可证。而如果放牧协会无法履行其监管职责导致牧场主违规放牧，林务局则可以取消、终止或修改其与放牧协会签订的放牧协议。

2. 国家草原内的私人土地

在土地所有者同意的前提下，林务局可以将国家草原内的私人土地开放用于放牧，为放牧者发放许可证。相反地，如果土地所有者不同意将其土地用于放牧，那么应该由谁（即林务局、国家草原的许可证持有者、私人土地所有者）来为牲畜可能越界的行为负责？答案可能因州而异，但法律规定如果私人土地所有者希望牲畜远离其土地，应自行建立围栏等设施来保护自己的领地。

林务局现在不再发放可交换使用的放牧许可证（"exchange of uses" grazing permits）。过去，在私人土地被包含在国家森林系统的土地中进行合理放牧分配中时，林务局发放了交换使用放牧许可证，即通过交换使用许可，土地所有者授权林务局将其私人财产纳入放牧分配范围，而林务局则授权土地所有者在其他国家森林系统的土地上放牧。由于这种安排被认为是一种均衡的交换，因此没有对土地所有者在国家森林系统土地上放牧的费用进行评估。但林务局现在不再发放类似的许可证，当混合土地权属类型存在时，只发放放牧协议、特定区域（on-and-off）放牧许可证、私人土地放牧许可证等三类许可证。

3. 放牧费管理

1993年1月，林务局发布了一项新的政策，授权将50%的放牧费作为专项资金，专门用于保护和改善国家草原环境，减轻放牧带来的不利影响。该项目与《联邦土地和政策管理法》下的放牧改善基金类似，即在财政部建立单独账户，将所有放牧费用的50%存入其中。然后，这些资金专门用于播种、围墙建设、杂草控制、野生动物保护与繁育等活动。

（二）国家草原的收购与处置

林务局可依法出售、交换、租赁或以其他方式处置国家草原。在与公共机构交换土地时，必须确认对方同意将土地用于公共目的。林务局也可与私人交换土地，但法律并不授权将国家草原直接出售给私人。

国家草原的所有权争议或侵占问题主要通过《沉默所有权法案》在联邦法院进行裁决的方式解决，包括非法入侵、双方持有不同契约、土地标示部分重叠、边界不清等问题。

（三）国家草原的开发与基础设施建设

依法开发建设基础设施。《班克黑德－琼斯农户租佃法》并未禁止在国家草原开采石油、天然气、煤炭等，但上述活动必须同时符合适用于国家草原的其他法律，如《国家环境政策法》、《濒危物种法案》等。类似地，《联邦土地政策和管理法案》授权可以在国家森林体系的土地上修建道路和小径等，根据《国家森林步道法》和《交通部法案》，也可以在国家草原上修建公路等，但同时必须符合其他法律的要求。

国家草原建立之前修建的公路可在原授权范围内运行，无需林务局授权。如果活动超出了原权利的范围，则需要根据《联邦土地和政策管理法》进行授权，例如将道路从两车道扩大为四车道，铺设砾石路，或改变道路的路线等。另外，涉及两州边界的国家草原，在修路时应与地方政府密切配合。

（四）国家草原的收费管理

不允许转移支付，但支持减少收费。除放牧费外，国家草原还可征收矿产租赁费、特别用途许可证费等，但根据法律规定，上述费用不能用于资助国家草原上的保护活动。国家草原的工作人员在工作期间和工作范围内收到的任何款项都必须存入财政部，不得扣除任何费用或索赔。此外，这些资金的转移可能构成未经批准的拨款增加，进而违反国会的拨款程序。

但另一方面，为在国家草原上建设保护措施，可以适当减少收取矿产租赁费、特别用途许可证费等。即林务局同意向上述许可证持有人收取较低的费用，以换取许可证持有人同意实施某些特定的国家草原保护措施。特别是当国家草原的保护与利用之间应存在某种联系，因此可以适当减少征收使用草原的费用。但减少收费的前提必须是所有证持有人在国家草原边界内开展保护活动，例如在国家草原内放牧但在国家草原边界外临县修筑公路，并不符合减少收费的标准。

四、值得注意的两个误区

第一个误区是，林务局在管理国家草原时应该考虑的唯一法律是《班克黑德－琼斯农户租佃法》。这显然是不正确的。上述分析已经表明，林务局必须考虑《班克黑德－琼斯农户租佃法》，但它必须同样考虑适用于国家森林体系单位的其他法律。在《班克黑德－琼斯农户租佃法》的要求与一个或多个其他法律之间发生冲突之前，林务局有义务按照所有适用法律管理国家草原。迄今为止，还没有出现这种冲突。

第二个误区是，《班克黑德－琼斯农户租佃法》建立了牲畜放牧作为首选或主导使用的国家草原。这显然也是不正确的。该法的序言或立法历史中根本没有任何东西能证实这种说法。放牧仅是国家草原的重要用途之一，林务局有权通过规划过程决定如何管理这些用途以及在何处进行这些用途。

虽然国家草原大部分已恢复，但林务局在管理这些地区时仍面临挑战。依法管理之外，林务局必须对公众开展关于国家草原的宣教，征求公众意见，并将之纳入决策。最后，林务局必须作出符合法律规定的管理决定，为合理利用和持续提高草原资源的生产力付出努力。这个过程可能需要很久，但这是法律要求和公众有权期待的。

五、对我国草原管理的启示

一是要正确处理草原与农业和畜牧业的关系。美国国家草原的重要发展趋势之一是参与式适应性管理（participatory adaptive management），即让牧场主参与草原的管理工作。牧场主组建团体或机构来管理放牧，努力促进草原和放牧活动共同繁荣。牧场主通常比其他任何人都更了解土地，让其参与管理非常重要。我国草原管理同样必须解决保护与发展的问题，考量如何通过观念调整、政策激励和科学研究，准确核定草原承载力，实现草畜平衡的良性循环。

二是理顺草原与重要生态系统（森林、湿地、荒漠等）的关系。草原作为地球的皮肤，其生态系统服务功能不可低估。美国国家草原提供了如减缓干旱和洪涝、促进养分循环流动、排毒和分解废物、生物多样性保护等近 20 种生态系统服务。国家草原作为国家森林体系的一部分，与国家森林深度融合，在授粉方面体现得尤为明显，森林和草原中活动着超过 10 万种动物，包括蝙蝠、蜜蜂、飞蛾、蝴蝶和鸟类等，其作为植物授粉的野生传粉媒介，为美国人提供了近 30% 的食物，每年生态系统服务价值高达 40 亿～60 亿美元。我国应进一步理顺草原与其他生态系统的关系，在理念、政策、机构、体制机制、法律方面加快融合，特别是在法律和政策层面要予以明晰，避免草原和森林生态效益补偿在同一地区重复发放的问题，同时应加大力度探究草原的生态系统服务类型及其价值，量化草原的重要生态功能。

三是加快修订草原法，加强草原执法监督。美国草原实现了依法管理，在联邦土地上，有美国林务局和美国土地管理局的放牧分配法案，以及国家环境政策法案，在加州还有环境质量法案等，对草原的濒危物种，还适用濒危物种法案。我国草原被侵占现象严重，但处罚力度不足，有时处罚依据不够充分。为此应加快修订 2002 年通过的草原法，将草原管理中面临的新问题纳入法治轨道予以解决。

四是定期开展全国范围内的草原资源清查，推进草原资源资产负债表编制。美国国家草原并没有定期的资源清查制度，导致草原资源、边界、防火情况等"家底"不清，不利于草原保护。我国的草原资源清查有助于切实摸清草原数据家底，为草原政策制定和保护建设奠定基础。另外，为建立草原资源有偿使用制度，应充分搜集相关数据，在地区试点的基础上，尝试编制全国范围的草原资源资产负债表。

　　五是进一步明晰草原的生态功能。美国明确草原不仅用于畜牧业生产，还有生态效益及游憩功能，上述定位有力地推动了草原保护。作为面积最大的陆地生态系统，我国应明晰草原的生态定位，突出其生态功能，建议出台中央层面的《加强草原资源生态保护意见》，对机构改革后草原面临的法制不够完善、草原管理特别是基层管理力量薄弱、草原生态奖补标准低、草原重点生态建设工程较少、草原科技创新能力不足（如定位监测站少）等问题予以关注。

　　（摘译自美国农业部林务局网站及报告 National Grasslands Management：A Primer；编译整理：李想、赵金成、陈雅如、侯园园；审定：李冰）

第三篇

林业维护生态安全

基本生态安全

五大驱动因素致全球森林损失

近日，美国学者在《科学》期刊（Science）上发表文章《全球森林损失的驱动因素分类》，探讨了导致全球森林损失的驱动因素。利用卫星图像，通过开发森林损失分类模型，对全球森林损失进行了绘图和分类，量化了不同驱动因素对全球森林损失的影响。

结果表明，2001—2015 年，造成全球森林损失的五大驱动因素及其占比分别为：商品驱动的森林砍伐（27%）、林业采伐（26%）、农业占用（24%）、野火（23%）、城市化（0.6%）。五大驱动因素的具体情况分析如下。

一是商品驱动的森林砍伐（在全球森林损失总面积中的占比为 27%）。这类损失主要指为了开采矿物、石油和天然气，扩大生产棕榈油、大豆、牛肉等商品造成的森林损失。因为这些地区不太可能被重新造林，所以这类损失属于永久性森林损失。

二是林业采伐（26%）。这类损失是指根据森林采伐更新管理办法，对包括人工林在内的森林进行抚育采伐造成的损失，这类损失预计在采伐后会再生。我国森林损失主要由此类原因造成。

三是农业占用（24%）。这类损失主要指为了种植短期作物维持生计，将森林砍伐或焚烧造成的损失。这类损失主要集中在热带地区。这些地区的森林能否再生主要取决于毁林的方式以及农作物的管理方式。

四是野火（23%）。这类损失是指火灾造成的森林损失，主要集中在加拿大和俄罗斯的北部。随着时间的推移，这些地区有可能从火烧迹地逐渐演替为次生林。

五是城市化（0.6%）。这类损失主要指城市扩张造成的森林损失，主要集中在美国东部。这类损失被认为是永久性的。

总结看来，作者认为按照当前政策设计和实践无法实现 2020 年零毁林承诺（zero-deforestation）。在一些林业主导的地区，伐倒木进入木材和纤维供应链，作为纸张、包装和其他林产品的原料，但这些区域不应包括在零毁林承诺的监测体系中，因为当地并未发生导致土地利用改变的采伐，也没有影响森林的更新和再生。作者建议，公司和政府应将目标放在认证工作和供应链可追溯性上，特别是那些迫切需要将土地利用由林地转为农地的地区。另外作者推荐使用全球森林观察平台（global forest watch），以实时地观测全球森林覆盖变化，为施行森林保护、恢复和经营措施提供重要基础，要特别注意并非所有森林覆盖率损失都是毁林造成，了解上述驱动因素对正确制定林业政策十分重要。

（摘自 Classifying Drivers of Global Forest Loss；编译整理：李想、赵金成、陈雅如；审定：王永海、李冰）

美国林务局宣布改善森林状况的新战略

近日，美国农业部林务局发布新报告《超越景观尺度的共享管理——基于结果的投资战略》，旨在改善森林状况、管理灾难性野火和入侵物种的影响，减缓干旱，控制病虫害流行。报告概述了林务局计划与各州密切合作，在景观尺度上确定目标，以确保相关措施最为有效。

报告介绍了新战略出台的背景，主要是联邦和私人的林地面临着一系列急迫的挑战，包括灾难性野火、入侵物种、退化的流域、森林病虫害等，长期以来情况未有显著改变。更为严重的是，火灾的燃烧时间、空间规模和强度都在增加，对社区、自然资源和消防员造成的危害越来越大。

为此，报告提出了若干解决措施：

一是超越景观尺度，与各州共管上述危机。最有效的办法是与各州共享所有权和管理权。林务局与各州共同制定州立森林行动计划，为协同行动提供指导，特别是在跨越管辖权边界的情况下（如联邦国有林和私有林边界）。

二是充分利用最为先进的新技术。遥感、信息科学、火灾模拟工具、实时制图技术等新技术有助于林务局科学家完成新的国家资源评估，进而实现对火灾风险评估及投资效益最大化排序，优先考虑改善森林状况方面的投资，提高有弹性森林（resilient forests）的规模。

三是充分利用最新法案赋予的权威。2018年通过的Omnibus法案赋予林务局在处理跨边界森林方面更多权威，包括用于改善森林状况的土地分类，设立新的林道维护管理机构，与各州在重要区位签订期限更长的管理合同等。该法案还包括从2020财年开始的长期"消防资助计划"，该计划将通过专项资金避免灭火成本的上升，同时避免了从林务局其他项目挪用资金用于灭火等违规行为。

四是改善林务局内部的审批流程。重点改善已过时的、不利于提高森林质量和降低火灾风险的流程。例如在遵守《国家环境政策法》的基础上，加速环境审查过程，提高分析效率，另外也要通过改革使木材销售合同更为灵活。

五是多措并举。为更好地控制火险，林务局需要加强为更新生态系统进行的规定放火（prescribed fire）、可管理的野火与机械处理、木材销售之间的联系。通过与合作伙伴等合作，在正确的时间和地点，在适应火灾的森林中重新引入可控的火灾。

（摘自美国林务局网站 Toward Shared Stewardship Across Landscapes：An Outcome-based Investment Strategy；编译整理：李想、赵金成、陈雅如；审定：王永海、李冰）

应对气候变化

IPCC 发布《全球升温 1.5℃特别报告》

政府间气候变化专门委员会(IPCC)于 10 月 8 日发布了《全球升温 1.5℃特别报告》(以下简称《报告》),《报告》由来自 40 个国家的 91 位作者和评审编辑共同编写,引用了超过 6000 篇科学文献。

在加强全球应对气候变化威胁、实现可持续发展和努力消除贫困的背景下,《报告》分析了升温 1.5℃可能带来的影响以及实现 1.5℃温控目标的路径。《报告》认为现在若不全力以赴达成 1.5℃的温控目标,未来将付出更大代价,特别是在生态系统、粮食安全、水供应、人类安全、健康福祉以及经济增长等方面。而实现 1.5℃温控目标可以避免一系列负面影响,有利于生态系统和生物多样性保护,但为此需要在土地、能源、工业、建筑、交通和城市方面进行"快速而深远的"转型,大幅减少二氧化碳、甲烷、黑碳、气溶胶和氢氟烃等的排放。实现温控目标同时面临政策和技术层面的巨大挑战,包括各国土地利用、交通、能源、农业等政策的不可持续以及碳捕捉与封存技术缺乏商业可行性等。

《报告》认为将气温升高控制在 1.5℃之内,生物多样性和生态系统受到的影响也会较小。在 1.5℃温控方案下,被研究的 10.5 万物种中,9.6% 的昆虫、8% 的植物和 4% 的脊椎动物预计将失去超过一半的地理分布。相比之下,2℃温控方案对应的数值为 18%、16% 和 8%。针对其他生物多样性相关风险的影响（如森林火灾和入侵物种的扩散），1.5℃的影响也均低于2℃。

《报告》将发展林业视为实现1.5℃温控目标的重要路径之一，即通过林业的碳捕捉与封存、除碳等技术，以及生物质能源使用等方式实现温室气体的大幅减少。具体措施包括促进生态系统恢复、提高基于社区和生态系统层面的适应性、提高湿地管理能力、改善森林经营以鼓励生产更多来源合法的林产品等。重要涉林内容摘编如下。

一是促进生态系统恢复。当前森林固碳量较大，亚热带、温带和寒带的生物量相当于存储了1760亿~1940亿吨二氧化碳，而热带森林的生物量存储二氧化碳量更是高达1.08万亿吨。保护和修复森林生态系统可以提高天然碳汇。

近期的研究表明，保护、恢复和改善土地管理可固持二氧化碳230亿吨。减少碳排放的潜力主要集中在减少砍伐森林、新造林和森林经营，特别是在热带地区。当前大量研究多将REDD+（即减少毁林和森林退化导致的排放量）作为一种减排机制，但恢复和经营活动并不需要严格局限于REDD+，结合当地实际的活动可能会降低成本、推进共同利益、并将完成社会经济目标纳入考量。

近半数的潜在固碳项目价值在100美元/吨二氧化碳以内，1/3的成本效益潜力小于10美元/吨二氧化碳。在考虑机会和交易成本时，旨在减少毁林导致排放的项目成本变化很大。

然而，也应注意森林对其他生态系统的间接影响。例如，降低毁林率可能会减少农地和放牧地的增速，进而导致饮食、农作物产量和粮食价格等。类似地，保护和恢复生物多样性有利于水资源保护，在热带地区，降低毁林率有助于保持较低的地表温度，同时促进降雨。

其多重潜在的共同利益使REDD+对当地社区、生物多样性和可持续景观非常重要。但增加干扰是否会逆转恢复活动带来的减排效益，而施加碳肥是否会强化这种逆转等尚无一致结论。

新兴区域评估为REDD+的规模扩大提供了新的视角。多方协作和多元的资金来源提升了REDD+在实现温控目标的潜力。虽然有研究表明，土地所有权对推进REDD+有积极作用，但对于改善管理过程中的哪些问题仍缺少共识。传统观念认为，只有当土地所有权得到法律的尊重和保护时，地方和原住民利益才会得到保障，而事实并非如此。虽然减少毁林有益于穷人，但作为最脆弱的群体，他们的发展路径仍受到限制，面临更低的机会成本。

二是基于社区的适应性（community-based adaptation，CbA）。CbA被定义为基于社区的有限事项、需求、知识和能力等的社区主导过程，旨在使人们能够规划和应对气候变化的影响。CbA与基于生态系统的适应性（ecosystem-based adaption，EbA）的整合备受推崇，特别是在减贫的过程中。

尽管 CbA 和 EbA 都颇具潜力和优势，包括知识交流、信息获取、增加社会资本和公平性等，但制度和管理障碍仍是当地适应性的重要挑战之一。

三是气候变化会导致湿地系统的结构和功能发生变化。温度升高对湿地生态系统中的种群功能和分布、生态系统平衡和服务、当地生计等都有着直接而不可逆的影响。湿地管理战略应包括对基础设施、行为、制度实践层面的调整，以实现对气候变化的适应。

尽管《拉姆萨尔湿地公约》（*Ramsar Convention on Wetlands*）提出了关于湿地恢复和管理的国际倡议，但相关政策并未奏效。为实现有效的湿地管理越来越有必要进行机构改革，例如灵活的、基于地方和适应性共管原则的治理，多利益相关方的参与等。

（摘自 Intergovernmental Panel on Climate Change Global Warming of 1.5 ℃；编译整理：李想、赵金成、陈雅如；审定：王永海、李冰）

欧委会强调森林在 2050 低碳策略中的重要性

近日，欧洲委员会（European Commission）公布了新的气候战略路线图，概述了一系列旨在减少碳排放和防止破坏性全球变暖的情景。其中重点强调了森林和土地在应对气候变化方面应发挥的关键和积极作用，呼吁到 2050 年实现温室气体的排放净值降为 0，该路线图将成为欧盟成员国决定正式气候目标时的基石。欧委会还认识到基于森林的生物能源规模化对气候带来的多重风险，特别是越来越多的证据表明生物能源可能对气候产生负面影响。

欧委会的认识与之前政府间气候变化委员会 IPCC 发布的 1.5℃温控报告一脉相承，欧盟意识到，与当前陆地生态系统的二氧化碳吸收量相比，相关措施可能促进吸收量增加 66%，但仔细研究欧盟计划如何实现上述目标至关重要。最新的研究表明，恢复现有森林是最为有效的措施，但欧委会并没有在其方案中选择该方法。

尽管认识到生物能源面临的风险，但欧盟所有情景预计生物能源的使用量将大幅增加，在某些情况下会增加 80%。这与 IPCC 制定的最雄心勃勃的情景形成了鲜明对比，IPCC 认为，到 2050 年，生物质使用量将比 2010 年减少 16%。评论人士认为生物能源是长期战略的致命弱点，因为欧盟依靠森林生产生物能源，导致其无法实现消除二氧化碳的全球目标。从气候和生物多样性的角度，提高森林质量要远比把森林当做燃料更好。

最近的 1.5℃ 温控报告明确了 2060 年左右实现净负排放（net negative emissions）的必要性，并概述了森林可以在实现这一目标方面发挥关键作用。欧盟不太可能做到这一点，如果仍然需要为能源消耗如此多的森林和土地。

虽然欧委会表示，林分尺度上的生物能源不会在今天的水平上继续增加，但一些非政府组织对此持怀疑态度，欧洲森林观察组织认为欧盟在生物能源方面并未制定出非常系统的可持续性标准，当前的行动主要依据可再生能源指令（renewable energy directive, RED），其结果是为增加可再生能源已经导致森林采伐量增加。

当前策略可能存在两个问题。一是过于依赖从森林中获取生物能源。欧盟之前所做的情景假设预计从森林残留物中获取的能量可能增加一倍以上，这无疑将继续对森林施加压力，削弱其碳汇功能。委员会承认，这是导致其预测森林碳汇至 2050 年减少一半的重要原因。二是忽略了新造林和恢复现有森林在固碳等生态系统服务质量上的不同。尽管通过新造林可以增加森林覆盖率，如果可持续地进行，甚至可以成为应对气候变化的良好工具，但这忽视了欧盟通过恢复现有森林，提高森林质量并减轻其压力而获得的巨大收益。

欧洲森林观察组织认为，增加生物能源目标时，会加剧全球森林砍伐。除了遏制总体生物能源目标外，欧盟还必须制定一项法规，确保其进口到欧盟的商品不会导致森林砍伐。欧盟也意识到了上述问题，最近宣布将于 2019 年春季发布关于"加强欧盟防止森林砍伐和森林退化的行动"的通知，相关组织也正在呼吁将新法规的修订纳入行动，旨在解决欧盟对全球森林砍伐的影响。

（摘自 Commission Recognizes The Importance of Forests in 2050 Low Carbon Strategy；编译整理：李想、赵金成、陈雅如；审定：王永海、李冰）

联合国气候大会达成《巴黎协定》实施细则

12 月 15 日深夜，联合国气候变化框架公约（UNFCCC）第 24 次缔约方会议（COP24）在波兰卡托维兹结束，经过艰苦谈判，大会通过了一套强有力的准则，取得了一揽子全面、平衡、有力度的成果，以执行具有里程碑意义的 2015 年《巴黎协定》。

此次谈判是对旨在将全球升温幅度控制在 2℃ 之内的《巴黎协定》能否向

前推进的关键考验。通过本次大会，参会各方就《巴黎协定》关于自主贡献、减缓、适应、资金、技术、能力建设、透明度、全球盘点等内容涉及的机制、规则基本达成共识，并对下一步落实《巴黎协定》、加强全球应对气候变化的行动力度作出进一步安排。会议主要内容摘编如下。

一、主要成果

本次大会取得了多项成果，其中最重要的成果有以下四项：

一是各国政府同意在 2020 年之前更新气候计划，实施透明度框架的指导方针。一些国家（主要是发展中国家）在为期两周的大会期间宣布已经在做准备。由此，各国就实施细则达成一致，意味着《巴黎协定》可以在 2020 年合法运作起来。确定了通过国家自主贡献实施各国采取的应对气候变化行动。

二是发展中国家同意和发达国家一样报告并核算本国的气候行动。2023 年开始全球将启动 5 年一次的"全球评估盘点机制"，确定各国政府是否仍坚持执行《巴黎协定》。按照目前的趋势，各国的工作还远远不够，承诺的温室气体减排量偏少，用于帮助发展中国家适应气候变化影响的资金也非常少。

三是为发展中国家提供资金。制定新的筹资目标，即从 2020 年起每年调动 1000 亿美元支持发展中国家。

四是国际组织和公司行动积极。世界银行宣布，2021 年起对气候行动的投资将增加一倍，约达 2000 亿美元，并且承诺通过绿色气候基金和最不发达国家基金向发展中国家提供更多资金，帮助其应对气候变化，而气候变化适应基金则首次突破 1 亿美元大关。资产总额加起来超过 30 万亿美元的全球 400 多家投资方呼吁各国领导人加强气候行动。全球最大的集装箱运输公司马士基承诺到 2050 年将排放量降为零，成为本行业的减排标杆。美国能源巨头埃克西尔能源承诺到 2050 年实现无碳发电，宜家集团则承诺到 2030 年将生产过程中的碳排放减少 80%。40 多个主要时尚品牌、零售商和供应商还推出了《时尚业气候行动宪章》，共同应对其造成的气候影响。

二、各方解读

联合国气候主任帕特里夏·埃斯皮诺萨女士说："这是一项了不起的成就！多边体系取得了坚实的成果。这是国际社会果断应对气候变化的路线图。各代表团日夜工作的指导方针是平衡的，清楚地反映了世界各国之间的责任分配情况。它们结合了这样一个事实，即各国在国内有着不同的能力以及经济和社会现实，同时也为不断增长的雄心提供了基础。"

缔约方会议第二十四届会议主席、波兰的 Michal Kurtyka 先生说："所有国家都作出了不懈的努力。所有国家都表明了他们的承诺。所有国家都可以带着自豪的心情离开卡托维兹，因为他们知道自己的努力已经取得了回报。《卡托维兹气候一揽子计划》所载准则为从 2020 年起执行该协定提供了基础"。

中国气候变化谈判代表团团长、中国气候变化事务特别代表解振华表示："这次会议的成功标志着多边主义的胜利，标志着多边机制是有效的。如果要实现 1.5℃控温目标…这里就涉及一个谁减排、减多少的问题，涉及如何落实公平、共同但有区别的责任和各自能力原则的问题，涉及发达国家如何加强对发展中国家应对气候变化提供资金、技术和能力建设支持的问题。《巴黎协定》给我们指明了方向，只有走绿色低碳发展这条道路，才能实现全球减排应对气候变化的目标。《巴黎协定》实施细则经过艰难谈判，如今已经出炉，下一步就是要采取行动。所以我们希望未来能进一步调动世界各国的政治意愿，积极采取行动，将今年的谈判成果真正落到实处，推动全球绿色低碳发展，构建人类命运共同体。"

《联合国气候变化框架公约》秘书处前执行秘书菲格雷斯说："实施细则不能让所有人都百分之百满意，但这是向前迈出的重要一步。明年的工作将十分重要，联合国秘书长召集的气候峰会将为各国政府提供汇报进展、在 2020 年前提高气候目标的机会。"

《巴黎协定》的主要缔造者、现任欧洲气候基金会首席执行官劳伦斯·图比娅娜说："尽管遇到了种种阻力，《巴黎协定》在第 24 次缔约方大会上仍在稳步推进，这充分体现了它设计理念中所包含的坚韧。实施细则中做出的决定为我们不断建立对多边主义的信心以及加快全球的转型步伐奠定了坚实的基础。"

三、对我国的影响

我国在本次大会谈判中发挥了重要作用。一份切实可靠的实施细则能够通过，在透明度和审查机制问题上能够达成具有约束力的共同规则，中国功不可没。正是因为中国、美国和欧盟达成的一项妥协，为采用适用于所有国家报告排放情况的单一规则铺平道路，这套规则将取代为发达国家和发展中国家制定不同规则的先前版本。谈判结果也表明，中国越来越多地扮演着发达国家和发展中国家之间主要桥梁的角色，帮助推动发展中国家承担更多的责任。

我国在会议期间充分展示了近年来应对气候变化的成果，从 2005 年到 2015 年，我国单位 GDP 能耗下降了 34%，节约了 15.7 亿吨标准煤，相当于减少了 35.8 亿吨二氧化碳当量。同时我国也提出了 2020 年气候变化的主要目标，即与 2015 年相比，我国单位 GDP 的二氧化碳排放量将减少 18%，推动关键部门的低碳发展，推出国家排放交易体系，加强国内 MRV（监测，报告和核查）系统和传播低碳试点的经验。

但我国也面临着巨大压力。今年国内碳排放量的再次上升，必须采取紧急行动，加强减排力度。然而，政府间气候专门委员会表示必须在 12 年内减少几乎一半的排放量，中国在国内认真减排的同时仍在投资发展中国家的高碳排放项目，这令人担忧。国际环保组织"绿色和平"认为，全球的去碳化趋势正在日益扩大，因此中国'一带一路'倡议之下的投资必须符合《巴黎协定》。

四、涉林内容

联合国粮农组织 FAO 敦促各国加大农林领域的气候变化应对力度，为此，各国需要投资于多部门政策设计、实施能力、人员、数据、创新以及领导力。

FAO 副总干事塞梅着力强调了保护生态系统对于保护环境和应对气候变化影响的重要性，她说："森林是我们的盟友，能够有效支持气候变化减缓行动和最脆弱社区的适应行动"，并建议加大对自然资源综合和可持续管理的投资力度。

目前土地利用部门产生了近 1/4 的全球温室气体，但土壤、森林和湿地在储存大量碳方面也存在巨大潜力。通过采用更智能的综合农耕系统，保护和管理森林，以及改用能够可持续地和有效地使用自然资源的办法，能够大幅减少温室气体的排放量。"通过这种方式，土地使用部门就从导致气候变化的一个因素转变为气候变化解决方案的一部分，并能为 2030 年前所需完成的气候减缓任务贡献 30% 的减排量"，她补充说道。赛梅还强调了伙伴关系、创新和技术对于加强旨在优化森林和土地管理的联合行动的关键作用。

在会议期间，FAO 和美国国家航空航天局（NASA）发布了一款新的开源工具——在线地球数据收集（collect earth online），它向所有人开放，可用于观测地球上任何地方的土地用途和景观变化。它将有助于各国加强在森林和土地使用方面的测量、监控和报告能力。

（综合摘自 New Era of Global Climate Action to Begin Under *Paris Climate Change Agreement*、FAO、新华社、中外对话、英国金融时报等；编译整理：李想、赵金成、陈雅如；审定：王永海、李冰）

最新研究表明森林对气候变化有多重影响

世界自然研究所近日发布了关于热带森林与气候变化关系的研究报告，热带森林消失对气候的影响远远超过了人们通常对这个问题的认识。报告认为森林对实现《巴黎协定》目标至关重要，其作用不仅是吸收二氧化碳，对能量和水循环等非碳影响也值得关注。报告主要结论如下。

一、森林对温室气体的影响

森林是一个净碳库（net carbon negative），其可以通过两种方式减少温室气体，一是通过减少毁林和控制森林退化来阻止可能产生的排放，二是通过森林经营促进其生长进而吸收更多的碳。上述两种方式都须得到重视和推广。当前热带森林在净碳库中所占份额仅为8%，但其潜力巨大，预测显示陆地单元在2030年可减少CO_2 113亿吨，而热带森林、湿地和泥炭地等就可减少71亿吨，将其在净碳库中的比重提高至23%。更为重要的是，从成本效益角度看，森林固碳的成本在100美元/吨以内，与其他技术特别是生物能（BECCS）等40~1000余美元/吨的成本相比，更为可行。

但当前森林在减缓气候变化进程中也面临一系列挑战。一是毁林严重。预测表明，即使所有化石燃料排放被即刻消除，到2100年热带森林破坏也会让全球温度上升1.5℃。二是各国自主贡献目标与温控目标差异较大。有学者估算，全球可经营的森林在2030年可减少38亿吨大气中的CO_2，略多于当前俄罗斯的排放量。但当前各国自主贡献（NDC）目标与2℃温控目标之间仍相差110亿~140亿吨CO_2。三是资金严重不足。即使森林减缓气候变化的作用如此重要，甚至会影响《巴黎协定》的目标能否实现，当前基于陆地的减缓努力仍只得到了不到3%的气候变化资金。

二、森林的非碳影响

森林会影响能量流动。健康的森林释放出一系列"对气候具有整体冷却效应"的挥发性有机化合物，这些有机化合物发挥作用的主要方式是阻挡太阳能量的进入。砍掉森林就会消除这一冷却效应，加剧变暖。

森林会影响土地利用。人口的增加以及对各类农产品的更多需求导致大量森林被农田取代，农业本身也会产生排放。如果把这些纳入计算，1850年以来毁林对全球气候变暖的真正"贡献率"高达40%。而如果不考虑满足供养人口的需求，森林的温控潜力则会更大，热带森林的固碳潜力将为当前的2倍。

森林会影响全球水循环。这是非碳影响中最重要的作用，特别是砍伐森林可能会导致降水减少。有研究表明，树木蒸腾的水汽在空气中形成了条条大河，这些"河流"汇成云朵，可以在千里之外形成降水。但随着我们不断砍掉地球上的树木，这些"空中河流"和依赖它们降水的土地面临着干涸的危险。越来越多的研究表明，在很多内陆地区，砍伐森林的这项被忽视的后果要比气候变化的影响还大，在非洲和南美地区，降水可能因森林减少而减少15%~50%，在一些干旱地区，这一比例可能高达90%。

世界三大热带森林区（非洲的刚果盆地、东南亚、尤其是亚马孙地区）任何大规模的森林破坏对水循环的干扰都足以"给美国、印度和中国等世界主要粮食产地的农业带来巨大威胁"。研究者认为，中国有很大一部分降水来自陆地蒸发的循环，这很可能因上风地区土地利用变化而改变，而上风地区可能远到东欧和东南亚的丛林。

因砍伐森林导致的降水减少还会造成干旱。它会让尼罗河水量减少，阻碍亚洲的季风，使从阿根廷到美国中西部的农田遭受干旱。且不仅是毁林地区及其周边，就连远处也会被影响。以印度尼西亚的苏门答腊岛为例，该岛的森林砍伐速度几乎比世界任何其他地方都快，而失去森林的土地都被种上了油棕。研究表明，2000年以来该岛的地表温度平均上升了1.05℃，而森林区域只上升0.45℃。德国学者更是发现，该岛的森林区域与砍伐后区域的温差可以高达10℃。

三、建议

针对森林对气候变化的多重影响以及当前研究、政策的不足，报告提出以下建议：

一是加强科学研究与政策制定的融合。气候学家、林学家和政策制定者包括外交官等亟需充分了解彼此的关切，科学家应提高计算透明度，政策制定者则应尝试将森林对气候变化影响的最新成果转化为政策，适当保护关键地区的降水。大多数国际河流都有专门的条约来管理其径流，但空中的水汽之河却鲜有触及，从未有相应的条约对其进行管理。

二是建立更完善的森林－气候变化响应机制。当前机制在资金投入、法律法规、生物质能源和造林等方面尚存不足，因此需要增加财政支持和激励措施，改善治理和执法，提高政治意愿，提高农业生产力，保障土地权利等。

三是继续加强相关研究。加强对森林碳通量（forest carbon fluxes）在国家层面的监测，并与自主贡献目标（NDC）实现情况相结合；加强对森林缓解气候变化最大潜力及成本效益方面的研究，以及上述问题与农业生产力、食品安全和其他生态系统服务之间的关系；加强森林碳水循环对脆弱群体特别是贫困人口影响的研究；加强生物质能源与其他森林减缓气候变化途径（如新造林）之间的相互作用和权衡。

（摘自 Tropical Forests and Climate Change：The Latest Science、中外对话网站；编译整理：李想、赵金成、陈雅如；审定：王永海、李冰）

土地退化

IPBES 发布
《全球土地退化与恢复决策者摘要报告》

生物多样性和生态系统服务政府间科学政策平台（IPBES）3 月 26 日发布《全球土地退化与恢复决策者摘要报告》（后简称《报告》），正式报告将在年内发布。《报告》由来自 45 个国家的 100 余位专家历时三年共同完成，是世界首份全面的基于事实依据的（evidence-based）土地退化与恢复评估报告。《报告》借鉴了超过 3000 个政府、地方和原住民等提供的信息，收到了超过 200 余名专家的 7300 多条修改意见，旨在为决策者提供更好的依据。

《报告》认为由人类活动造成的土地退化破坏了全球 40% 人口（即 32 亿人）的幸福，经济损失相当于 2010 年全球年度生产总值的 10%，也是导致物种灭绝、气候变化加剧、人口大规模迁徙和冲突增加的主要原因。农田和牧场的快速扩张和不可持续的管理是全球土地退化最直接的驱动因素，而根本驱动因素是最发达经济体的高消费生活方式，加上发展中和新兴经济体消费的增加。避免、减少和扭转土地退化可能提供超过 1/3 的最具成本效益（most cost-benefit）的温室气体减排活动。

一、土地退化对人类的严重威胁

一是造成生物多样性丧失。土地退化对生物多样性的负面影响主要表现为导致动植物失去栖息地，1970—2012 年间，野生陆生脊椎动物的平均种群数量指数下降了 38%，淡水脊椎动物的数量下降了 81%。上述现象在世界许多地区已经十分危急（critical），正在导致地球进入第六次大规模物种灭绝阶段。

二是导致生态系统功能严重退化。当土地利用方式发生改变时，比如由林地转化为农地，以及不可持续的土地管理措施，已严重威胁粮食安全、水净化、能源供应等。过去 300 年以来，湿地面积已减少 87%，自 1990 年以来减少了 54%。农业初级净生产力（NPP）比其自然状态下低 23%，损失相当于全球 NPP 的 5%，过去 200 年土壤有机碳减少了 8%。

三是加剧气候变化。土地退化是造成气候变化的主要原因，仅森林砍伐就造成了人为温室气体排放量的 10% 左右。气候变化的另一个主要驱动因素是以前储存在土壤中的碳释放，2000—2009 年间的土地退化造成全球每年二氧化碳排放量高达 44 亿吨。

四是影响人类福祉。生物多样性的丧失和生态系统功能退化会继而影响粮食和水安全，以及人类的健康和安全，全球目前仍有 8 亿人营养不良。土地退化会迫使人类将自然生态系统转化为以人类利用为主导的生态系统，进而容易加速传播埃博拉、猴痘等病毒。目前土地退化影响了全球 40% 人口（即 32 亿人）的福祉。

五是影响文化认同。土地可能是原住民重要的身份、传统、价值、精神信仰和道德伦理认同，因此土地退化可能侵蚀原住民的文化传统，造成社会动荡及不稳定。

六是造成收入不同等。尽管土地退化同时在发达和发展中国家均有发生，但其对贫穷地区、妇女和儿童的负面影响显然更大，特别是依赖土地及生态系统服务的群体。例如农业水土流失很容易导致贫困，土地退化可占全球GDP 的 5%。

二、未来前景严峻

除非各国采取紧急且同步一致的行动，否则面对人口和消费量的持续增加，以及经济全球化、气候变化的影响，土地退化将恶化。居住在干旱区的人口将从 2010 年的 27 亿增加到 2050 年的 40 亿。未来的退化将主要发生在中南美洲、非洲撒哈拉和亚洲。至 2050 年土地退化和气候变化可能会迫使 5~7 亿人迁移，全球作物产量平均将下降 10%，某些地区可能高达 50%。生物多样性丧失预计将达到 38%~46%，其中气候变化、作物农业和基础设施发展预计将成为生物多样性丧失的驱动因素。另外，由于土地退化和牧场面积减少，畜养能力将继续减弱。

2010 年，全球不到 25% 的陆地没有人类活动的干扰，然而到 2050 年，IPBES 专家估计这一数字将下降到 10% 以内。对食品和生物燃料需求的增加可能会导致养分和化学品投入的持续增加以及向工业化畜牧生产系统的转变，预计到 2050 年农药和化肥的使用量将翻番。

三、当前土地退化存在的主要问题

一是理念不畅。土地退化意识的广泛缺失是采取行动的主要障碍，其往往不被视为经济发展导致的后果。即使土地退化与经济发展之间的联系得到承认，其后果也可能得不到应有的考虑，这可能导致缺乏行动。

二是方法不当。当前解决土地退化问题的体制、政策和治理方式常是被动和分散的，并且未能解决退化的根本原因。另外，各国政策侧重于短期、局部的治理，但并不具备相应的知识、技术、财政能力和组织机构。在土地价值评估方面，当前的很多经济分析忽视生物多样性、生态系统服务的非市场价值，而且不恰当地使用较高的折现率，容易误导决策，进而导致土地退化。

三是拖延不治。当前土地退化并未得到充分重视，在部分退化并非十分严重的地区，当地政府往往暂缓或拖延治理。然而《报告》发现，土地恢复带来的高就业率和其他好处往往超过所涉及的成本。在 9 个不同的生物群落中，平均来看，恢复的效益比成本高 10 倍。而对于亚洲和非洲等地，对土地退化置之不理的成本则是采取措施成本的 3 倍。

四、解决土地退化的办法

当前解决土地退化、恢复土地的成功案例存在于每个生态系统中，许多经过充分测试的传统和现代技术做法都可以避免或扭转退化。例如在农田中使用耐盐作物，推行农林复合系统等；在湿地中控制污染源，将其作为景观一部分管理，对干涸湿地及时补水等；在城市的空间规划中，重新种植本地物种，发展公园、河道等绿色基础设施，修复污染和密封土壤（例如沥青）等。

其他的建议行动还包括：

（1）改进监测和确认系统、基准数据。

（2）协调不同部门之间的政策以鼓励生产和消费更多基于实践的土地产品。

（3）消除促进土地退化的"不正当奖励措施"，并促进奖励可持续土地管理的积极奖励措施。

（4）整合农业、林业、能源、水利、基础设施和服务工作计划和议程。

（5）土地退化，生物多样性丧失和气候变化是一个挑战的三个不同侧面，它们都应该得到最高的政策优先权，并且必须一起解决。

五、未来值得探究的问题

（1）土地退化对淡水和沿海生态系统、人类身心健康、精神福祉、传染病流行和传播等的影响。

（2）土地退化加剧气候变化的潜在可能性，以及土地恢复帮助缓解和适应气候变化。

（3）土地退化和恢复与远方（far-off）地区的社会、经济和政治进程之间的联系。

（4）土地退化、贫困、气候变化、冲突和非自愿移徙的风险之间的相互作用。

（摘自 IPBES 网站 Worsening Worldwide Land Degradation Now 'Critical', Undermining Well-Being of 3.2 Billion People；编译：李想、赵金成、陈雅如；审定：王永海、李冰）

欧洲联合研究中心发布
《世界荒漠化地图集》（第三版）

6 月 21 日，欧委会下属的科学和咨询服务机构——联合研究中心（Joint Research Center）发布了《世界荒漠化地图集》（第三版），首次全面地基于影像数据评估了全球土地退化状况，并强调了采取恢复措施的紧迫性。这是该中心时隔 20 年后再次发布《世界荒漠化地图集》，自上一版发布以来，人口增长和消费模式的变化对土地和土壤的压力急剧增加，因此人类迫切需要改变对待这些宝贵资源的方式。

第三版从更加全面、易于获取的视角，列举了人类活动如何引发物种灭绝，威胁粮食安全，加剧气候变化以及导致人们流离失所等例子。同时分析了土地退化及其原因、未来发展趋势、可能的补救措施等，具体内容包括以下五部分。

一、人类主导的全球模式

人类是全球环境变化的核心。人类活动不仅造成全球变暖、土地退化、空气和水污染、海平面上升、臭氧层侵蚀、大面积毁林和海洋酸化，而且正在推动地球经历第六次"大规模灭绝"。

地球人口现已超过 70 亿，预计到 21 世纪末将增加到 100 亿~120 亿。这对未来并不是一个好兆头，因为地球的承载力是有限的，尤其是在资源不断枯竭和环境变化的情况下。第三版展示了地球上人类的活动范围。目前，人类仅占全球生物总量的不到 1%，却消耗着地球年净生产量（NPP）的 20%~25%，大约 45% 的地球表面用于畜牧业和牲畜饲料生产。按照目前人类对自然资源的消费率，人类足迹是不可持续的。

与人类主导地球的主题相对应，现代模式的"荒漠化"和土地退化源于社会和生态系统之间的相互作用和反馈。虽然人类活动在改变地球植被和土地方面的作用早已得到承认，但过去几十年来越来越多的证据表明，气候和人类活动之间在大尺度范围内复杂互动。人类生物群落旨在描绘人类在地理范围和功能深度方面对全球生态系统的影响。除促进对社会生态系统的相互作用（例如：土地权属、历史殖民权、出口政策、干旱和土壤肥力的影响）的理解之外，人类面临的这些交互影响在规模上的大幅增加，影响到全球环境。

二、供养持续增长的全球人口

随着世界人口的持续增长，全球中产阶级人口预计到 2030 年增加 30 亿。这些中产阶级消费者往往有肉类、乳制品等资源密集型饮食偏好。人口结构改变带来消费结构变化进而影响到供给。过去 200 年里，为满足他们的需求，北美和南美、非洲、亚洲和澳大利亚大量肥沃土地被用于肉类和乳制品等农牧产品生产。

一些边际土地如林地、湿地和草原在未来可能会被转化为农地投入生产，特别是在压力较大的发展中国家，可能会为此付出沉重的环境代价，包括温室气体（GHG）排放增加、生物多样性丧失，以及不利于基本生态产品和服务（例如：食物、饲料、燃料、水、农业害虫控制、养分循环和空气与水的净化）。森林转为灌溉农田的做法，已给阿根廷的查克、巴拉圭和玻利维亚的广大地区造成威胁。

因此技术创新等就变得十分重要，通过植物育种、基因处理、肥料和灌溉等手段，粮食产量有了显著提高，但农场规模往往是决定是否采用创新技术的关键因素。世界 80% 以上的农场是由个体家庭经营的不到 2 公顷的农田，主要在亚洲和非洲，农场是他们食物和收入的主要来源，小农生产者依靠家庭劳动力，导致他们获取新技术的能力受到严重制约。但他们绝对数量巨大，以至于简单而廉价的干预措施就能产生区域性影响，例如沿等高线堆砌石头防治径流、增加渗透、减少侵蚀并提高产量；或沿田地边界造林以减少风力影响，为家庭提供杆材、燃料和饲料，因此小农户现被视为土地退化解决方案的一部分，而不再像过去那样被看成是主要问题，但政府补贴项目(例如：中国和印度补贴化肥)可能会提高产量，但也可能威胁生态环境。

三、可持续发展的限制因素

(1)土壤　有生产力的土壤是实现可持续发展的基础。土壤维持着多样化的农业生产系统，对淡水(包括地表水和地下水)进行动态过滤和调节并汇集大量的碳。与其他自然资源一样，在当前气候变化、人口增长和农业管理不善的大背景下，维持土壤生产力是一项挑战。退化土壤的恢复难度大时间长。因此，防治土地退化远比恢复退化土地更具成本效益。

(2)水资源　可用水资源是可持续性的根本限制因素，目前的情况令人警醒。虽然现有地表水比过去三十年都充裕，但这并不意味着可用水的增加。许多新建水坝储存大量的水用于灌溉和发电使一个组织或国家受益，但往往对下游人口和经济产生负面影响，并引发政治争议。全球地下水变化在20年前并不为人所知，如今却急剧减少；尤其发生在需求量高的地区(如：灌溉农区)。

(3)气候变化　气候变化是实现粮食安全和农业可持续的最大威胁之一。虽然气候正在明显地发生变化，但是对于可预期的气候变化及其地方、区域表现形式，还存在很大不确定性。有一点是可以肯定的：全球降水量将会随着地球变暖而增加；但蒸发也是如此，这使得对干旱的总体净影响的预测变得复杂。此外，由于全球变暖，许多干旱地区降水量最有可能减少。全球水文循环与气候、土地利用和直接消费紧密相关，因此，未来用于人类消费、农业和工业用途的水供应问题悬而未决。而由于森林砍伐的速度加快，减缓气候变化的影响将变得更加困难。

四、挑战与趋势

(1)未来土地退化面积和速度增加　地球上超过75%的土地面积已经发生退化，到2050年，超过90%的土地可能会退化。全球范围内，每年退化的土地面积达到欧盟总面积的一半(每年约418万平方公里)，其中非洲和亚洲受影响最大。据估计，欧盟土壤退化的经济成本高达每年数百亿欧元。

(2)作物减产，人-地-水矛盾加剧　据估计，到2050年，土地退化和气候变化导致全球作物产量减少10%左右，其中大部分将发生在印度、中国和撒哈拉以南非洲地区，这些地区的土地退化可能会使作物减产一半。人口的高度集中，大量使用化肥，过度灌溉以及长期的低收入会导致土地退化和地下水急剧减少，作物因此减产，特别是在气候变化的情况下。对南亚和中国华北平原、印度恒河平原大部和巴基斯坦等地，上述问题更值得注意。

（3）人类居无定所　到 2050 年，全球人口将超过 90 亿。为满足对食物、纤维制品和能源增长的需求，地球上有限的自然资源所面临的压力将加剧，而城镇化及区域基础设施建设将占用更多农地。受到稀缺土地资源的影响，估计将有 7 亿人流离失所。到 21 世纪末，可能会达到 100 亿。

五、解决方案

（1）在社会经济大背景下分析制定土地退化解决方案　只有分析当地社会、经济、政治条件状况，才能确定和实施土地退化的潜在解决方案。因此，反映当地背景特点的土地退化问题"解决方案"的构建，要考虑当地利益相关的关切，特别是社会经济后果。必须在地方一级提高承诺和合作的力度，才能阻止土地退化和生物多样性的丧失。

（2）推进可持续土地管理（sustainable land management，SLM）的理念和实践　SLM 是为了解决与土地退化有关的众多问题而提出的。其基础是提高生产力和保护自然资源，同时保持有效的土地经济利用。SLM 实践受当地条件（环境、技术限制、当地知识、气候、政策等）的限制。当找到成功的解决方案时，面临的挑战便是根据相似的背景条件，决定可以采纳哪些方案。

（3）改变生产、饮食和消费习惯　主要措施包括增加农田产量、转变为以植物为主的饮食结构、从可持续来源消费动物蛋白质、减少粮食损失和浪费等。

（摘自 JRC 网站 https：//wad. jrc. ec. europa. eu/；编译整理：李想、赵金成、陈雅如；审定：王永海、李冰）

生物多样性

英国自然环境研究理事会发布
《2018 年全球生物多样性趋势报告》

近日，英国自然环境研究理事会（NERC）发布了《2018 年全球生物多样性趋势报告》（后简称《报告》），这是该机构第九次发布年度《报告》。《报告》由 24 位学者和专家共同完成，罗列了 2018 年全球在生物多样性、自然资本、生态系统服务和保护措施上可能面临的 14 个最重要但却不为人知的问题。这些趋势是：

（1）鱼类和鸟类中维生素的缺乏与数量减少有关　某些鱼类和鸟类中的维生素 B1 含量低会损害其免疫系统并改变繁殖行为。这可能是由于产生硫胺素的藻类变化引起的低摄入量或暴露于损害维生素摄取的污染。目前还不清楚缺陷的程度和对人口下降的影响。

（2）慢性消耗性疾病流行风险　慢性消耗性疾病作为一种传染性退行性脑疾病，可以杀死大约 10% 的白尾鹿，该病也在美国 23 个州和加拿大的两个省中被发现，并可能在其他大陆流行，对生态系统造成严重的后果。在欧洲首次出现后，在挪威屠宰了 2000 只驯鹿，其在该地区的持续流行可能对北极牛群产生重大影响。

（3）解冻冰的感染风险　一些病毒和细菌可以在数千年的冰冻中存活下来。气候变化导致大量千年冰块融化，释放出可能对动物和人类造成伤害的生物。2016 年，一只驯鹿尸体的炭疽病在西伯利亚冰层中保存了 75 年后解冻，导致一人死亡，另有 20 人留院治疗。科学家们发现 3 万年前冻土中的微生物仍然能够感染生物。

（4）新的 RNA 杀虫剂　实验室检测表明，局部应用 RNA 可能是通过沉默影响生存和繁殖的基因来控制植物病虫害的一种新方法，包括病毒和昆虫。这种方法被认为可能比其他形式的基因修饰更容易被接受，因为它的影响不会传递给后代。然而，该方法作为杀虫剂广泛用于非目标物种的影响尚不清楚。

（5）通过基因编辑根除有害动物种群　新的基因编辑技术可用于在未来十年内控制动物种群，包括入侵物种。新西兰每年花费超过 300 万英镑，旨在到 2050 年消除老鼠、负鼠和白鼬。该方法引发了伦理道德和生态两个问题，即对更大范围的生态系统的影响，以及对基因特征传播潜力的影响，在非目的地区灭绝物种的风险。

（6）深水捕鱼的激光使用　使用激光的新技术可以替代大量的野生海鲜拖网海底。拖网的碳足迹很高，会损害海洋环境，并收集破坏了其他的动植物。如果该技术证明可行，采用更广泛的网络和精密激光的针对性方法可以提供更大的捕获量，同时损害最小，碳排放量更低，但不可持续的捕捞问题依然存在。

（7）从空气中捕获水分　使用多孔金属或太阳能捕获空气中的水可以帮助改善生活在世界上最干旱地区人们的生计。目前一项新技术中须使用昂贵的金属如锆，更便宜的替代品正在研发中。虽然这可能为人类、农业和野生动物保护创造新的机会，但其对土地使用、环境和大气条件的影响尚未得到广泛探索。

（8）增加植物耐盐性　土壤盐渍化正威胁着全球的农作物。通过研究具有天然耐盐性的植物，研究人员已经确定了一种蛋白质——水孔蛋白，该蛋白可以在其他植物中进行基因工程编译或选择性繁殖，以帮助植物在盐度较高的土壤中存活发育。但该方法在商业规模上能否成功仍不明朗，其对生物多样性潜在的重大影响也不明确。

（9）文化组学对保护科学、政策和行动的影响　能够分析如何在大量数字文本中使用词语的技术（例如社交媒体）可以被保护科学、政策和行动小组用于识别对问题的兴趣或关注，例如社交媒体可以被用来量化公众对湿地或鸟类保护的接受程度和兴趣，进而为决策提供重要参考。然而反效果也有可能出现，即一些组织通过社交媒体来对抗和阻止保护政策和行动。

（10）全球铁循环的变化　为了应对全球气候和海洋变化，包括海洋酸化、气候变暖和冰川融化，全球铁循环正在发生变化，可能会影响整个海洋生态系统。

（11）土壤碳排放被低估　最近的研究表明，目前的预测低估了由于气候变暖造成的土壤碳排放量。浅层土壤中的碳损失已得到较好认识，但温度升高对更深层土壤的影响尚不明显。有实验显示，深层土壤中的二氧化碳在高温下排放量陡增。如果在今后的预估中土壤固碳量大幅减少，全球变暖可能比预期的更快，对人类和我们的生态环境产生严重影响。

（12）青藏高原气候变化迅速　自 20 世纪 80 年代以来，作为世界第三大冰川库的亚洲青藏高原发生了重大变化。气温上升和冻土融化正在改变该地区的生态系统并影响生物多样性，可能也正在影响全球气候系统，如厄尔尼诺效应和东亚季风。随着青藏高原的持续升温，我们可以看到其对亚洲和欧洲气候，以及对物种和生态系统更显著的影响。

（13）共同保护公海　公海占地球表面的 44%，其中仅有 1% 得到了有效保护。好在国际政策有了新进展，通过扩大国际认可的海洋保护区，推动公海的合法保护。

（14）电磁辐射增加对野生动物的潜在影响　5G 网络即将推出，供手机和智能设备用户使用。电磁场如何影响人类仍然是一个有争议的领域，研究还没有明确的证据表明其会对哺乳动物、鸟类或昆虫产生影响。因此 5G 生产商可在不考虑辐射影响的开放环境下继续生产，但可能会产生意想不到的生物后果（biological consequences）。

（摘自 NERC 网站 15 Biggest Emerging Trends and Threats to Biodiversity in 2018-New Report，编译整理：李想、赵金成、陈雅如；审定：王永海、李冰）

2019 年全球生态保护 13 个值得关注的新兴问题

近日，由英国自然环境研究理事会（NERC）资助，英、美、中等国的近 30 位学者共同完成的《2019 年全球生态保护新兴问题预测报告》（以下简称《报告》）正式发布在学术期刊《生态与进化趋势》（Trends in Ecology & Evolution）上。《报告》聚焦 2019 年全球生物多样性和生态保护可能面临的威胁和挑战，从 91 个候选问题中挑选了他们认为可能产生最大影响但却最不为人知的 13 个，分别是：

1. 气候变化导致南极底栖生物储存碳的能力发生变化

南极冰层正在以高于预计的速度融化。每年有数十亿吨冰盖消失，消失速度在逐年增加，导致大量的淡水流出和消失，近岸区盐度急剧变化。这种融化还导致沉积物增加，且程度高于以往，造成陆地周围海湾和峡湾中的底栖生物群落窒息。此外，海冰的快速消失会减缓浮游植物的繁殖，增加冰山海底碰撞（或冰冲刷）的可能性，从而导致底栖动物大量死亡。极地大陆礁层上的海床是地球上最大的海洋碳库（蓝碳），其生态系统功能对全球碳循环和气候变化速度有巨大影响。这两个影响海洋碳的因素相互对立，会导致不同的结果，其平衡点也难以预测。目前看来，亚南极陆架上的生物将会增加，从而促进海洋碳储量增加，这可能成为气候变化最大的负反馈。与之相反的是，巨型冰山经常驻留的地区会因冲刷导致碳释放，凸显了气候变化问题的复杂和不确定性。

2. 永久冻土解冻导致大量汞释放

汞的毒性很强，并可在水生和陆地食物链中积累。已经证实，汞对动物神经及其繁殖、植物生长、土壤微生物功能有负面影响。尽管已知解冻永久冻土可能会释放汞，但最近的两项研究发现，其释放规模可能比以前认为的要大得多。不少学者认为，北半球永久冻土的活动层中储存了 40.8 万 ~ 86.3 万吨汞。永久冻结层则储存了 79.3 万 ~ 165.6 万吨汞，约为全球其他地区土壤、海洋和大气汞含量的两倍。鉴于气候变化可能导致大部分永久冻土在下个世纪解冻，大部分汞的积累将经土壤、溪流和河流输入海洋。经长期生物积累或微生物转化，可形成剧毒的甲基汞，对陆地和水生生物产生深远影响。目前，育空（Yukon）河中的汞浓度已经比北半球其他八个主要河流高出约 3 ~ 32 倍。

3. 减少塑料污染的生态效应

塑料污染及其对野生生物的影响大幅增加，引起了公众、政府和企业对减少使用或丢弃塑料做法的广泛兴趣。塑料回收的新技术、微生物或酶的使用均是当前的研究热点。而生物质衍生塑料等新型材料的使用可能产生意想不到的影响。例如，使用玉米（*Zea mays*）或柳枝稷（*Panicum* spp.）替代聚丙交酯（PLA）作原料进行大规模生产，可能会影响食品和水的安全性，也会对本土物种的栖息地面积造成影响。自然环境条件下 PLA 的生物降解非常缓慢，需要大约 100 ~ 1000 年。生命周期评估尚未应用于权衡从传统塑料到新型材料之间的过渡。此外，寻求塑料替代品可能会阻碍公众对降低总消耗的意识。

4. 类菌胞素防晒品对珊瑚和其他海洋生物的影响

最近生物合成技术生产的氨基酸类菌胞素（Shinorine）对紫外线有强吸收性，可用于防晒品中。目前，类菌胞素从野生藻类（脐紫菜）中获取，但将丝状蓝藻（Fischerella）的基因簇插入淡水蓝藻（Synechocystis）中的新技术，可生产与商业用途相称的滴定度。目前，许多常规防晒剂含有羟苯甲酮（Oxybenzone）和桂皮酸盐（Octinoxate），这两种成分的直接毒性会导致珊瑚礁漂白，并增加珊瑚中病毒感染的风险。但防晒品中广泛使用类菌胞素对海洋生物的潜在影响尚不清楚。

5. 耐盐水稻

海平面上升和灌溉导致沿海和内陆农业土壤发生盐碱化，因此，农学家着力研发耐盐的主食作物品种。这包括最近在中国呼声颇高的利用遗传技术研发的耐盐水稻，以及中国和迪拜最近旨在增加盐碱化地区商业化种植的可能性的合作。盐渍土壤种植水稻试验在中国取得了成功，新水稻品种的年产量超过 6 吨/公顷。用稀释海水进行灌溉的水稻产量与全球许多水稻种植区的商业产量相当。如果该生产方式广泛推行，那么目前难以种植谷物的盐碱地也可以生产大米。根据中国农业部的数据，截至 2015 年底，中国约有 3400 万公顷的盐碱地。迪拜实验中使用的水的盐度是海水的 1/10，因此，大规模种植仍然需要调用额外的淡水。将具有盐碱化和其他生态效应的自然生态系统用于耐盐水稻的商业化种植的做法，尚未得到充分论证，尤其是在沿海地区和内陆盐碱化干旱草原。

6. 美国政府决定不再监管经过基因编辑的植物

使用结构序列（CRISPR）等新技术进行基因编辑，可以比传统方法更快速更精确地引入植物性状，从而提高作物生产力。例如，某中国团队最近研发了各种水稻，在实地测试中，其产量比未经过基因编辑的水稻产量高 25% ~ 31%。通过有针对性地改变植物的毒性、果实大小、营养成分和生长条件，可使未被人类利用的物种转化为新的作物。2018 年 3 月，美国农业部宣布，不再对本可通过传统育种技术生长的基因编辑植物进行调控。与之相反，2018 年 7 月，欧洲法院宣布，基因编辑的作物应遵守适用于基因改良生物的同样严格的法规。

尽管欧盟作出了裁决，美国取消监管可能会促进基因编辑的创新。目前，旨在提高效率而不引起其他具有意想不到和不良后果的基因组变化研究正在进行。依照基因编辑植物和相关生产系统的不同情况，其对生物多样性可能产生积极或消极的影响。例如，可能会减少农业化学品的使用和作物生产所需的面积，进一步加强种植业和林业系统，也可能对本地物种产生难以预见的影响，研发抗性作物品种导致各种农业化学品使用增加。

7. 可产生脂肪酸的转基因油料作物对昆虫的影响

最近，油籽品种的基因改造工程旨在生产 omega-3 脂肪酸二十碳五烯酸（EPA）和二十二碳六烯酸（DHA），这两种物质在陆生植物中较为少见。该技术提高了油籽的营养价值，还可以大大减少为获取脂肪酸而捕捞野生鱼类的行为。目前，野生渔业为水产养殖业和人类保健品提供含有 EPA 和 DHA 的鱼粉和鱼油。脂肪酸对无脊椎动物和脊椎动物的生理功能至关重要。然而，油籽脂肪含量中 EPA 和 DHA 的增加，会造成 α-亚麻酸成比例的减少，而 α-亚麻酸对于陆地昆虫的健康、生长、认知和存活至关重要。在种植系统中，这些高生物活性脂肪酸为主要消费者的饮食提供新的成分，也可能对食物网产生重大影响。例如，蝴蝶幼虫发育过程中若以这些作物为食，会导致成虫翅膀较小，容易变形。目前尚不清楚世界各地的监管机构是否已开始研究这些新作物对农区动物（特别是昆虫）造成难以预测影响的可能性。

8. 利用植物微生物群落进行农业生产和生态系统恢复

植物上寄生的微生物群落，有助于增强植物对干旱等的耐受性，促进植物生长并提高抗病性。通过调控植物微生物群落提高生态系统恢复的成功率，提高农业产量和抗病能力的潜力巨大。迄今为止，大多数生物群落已经接种了少量有益微生物菌株，而调控复杂的微生物群落总体上还很难实现。最近，技术进步使这一领域重新焕发活力。一些初创公司正在积极研究植物微生物群落，这得益于日益廉价的 DNA 测序和机器学习等分析技术的发展。例如，Indigo Agriculture 发现了干旱条件下健康棉花的微生物群落，并已在销售可在干旱期间使产量增加 11%～15% 的微生物包衣棉花种子。AgBiome 改变了作物微生物组以对抗真菌疾病，从而减少了杀菌剂的使用。鉴于对可持续农业系统的需求和对基因改良生物的不信任，对功能性编程的植物微生物群落规则的充分阐明，可能带来新一轮的农业革命。其对生物多样性具有双重影响，在减少农药和化肥使用的同时，也可能导致农业活动扩展到野生动植物丰富的农业边缘地。

9. 印度－马来群岛上扩建种植园和基础设施

许多印度－马来岛屿上拥有丰富的物种和极高的物种特有性。但该地区只有 2% 的土地受到正式保护，森林采伐率不断增加。目前，整个印度－马来群岛的棕榈油种植园的平均面积约为 1 平方公里，而棕榈油种植园建立完善的婆罗洲和巴布亚新几内亚，分别为 10 平方公里和 6 平方公里。然而，有迹象表明该地区的基础设施和工业化正在扩建。例如，在印度尼西亚的哈马黑拉岛，2014 年，其工业住宅区的面积占主要森林砍伐面积的 37%，随着棕榈油工业化种植，2015 年森林砍伐率增加了 2.5 倍。在东南亚，商品林砍伐面积占总砍伐面积的 61%，而先前预计的年森林丧失率趋于下降。虽然该地区棕榈油种植园扩建带来的破坏性后果众所周知，但 1980—2014 年，全球棕榈油年产量从 450 万吨增加到 7000 万吨，预计到 2050 年前，其需求量将以每年 1.7% 的速度增长。棕榈油种植园扩建未充分考虑对生物多样性脆弱小岛生态系统造成的影响。该地区具有极高的物种特有性，特别是努沙登加拉群岛和马鲁古群岛，这表明棕榈油种植园的进一步扩建可能导致该地区大量物种的灭绝。

10. 海洋中层的渔业发展

海洋中层是指深度为 200～1000 米的区域，这个尚未开发的生物群落区具有丰富的生物多样性。迄今为止，技术的局限性和高额成本限制了商业渔业对该区域的开发。然而，最近由于人们对大量、几乎尚未开发的中层鱼类生物量（多达 10^9 吨）的预估，加上人们对水产养殖行业的需求，新兴保健品市场对原料的需求，以及传统渔业政策的变化，该区域的商业开发再次受到关注。虽然经济可行性尚不清楚，但包括挪威和巴基斯坦在内的一些国家已经颁发了实验性的商业捕捞许可证。海洋中层鱼类将主要消费者和捕食者联系于海洋食物网中，而生长缓慢和繁殖率低的特点使这些鱼类极易灭绝。此外，这些鱼类在将有机碳运输到深海方面发挥着关键作用，而捕捞这类生物对海洋碳循环的影响尚不清楚。大量捕捞海洋中层群落以及缺乏有效的公海捕鱼管理管控，可能对海洋生物、食物网和全球气候造成巨大影响。

11. 工业化生产微生物饲料

人口增长和饮食变化导致对来自牲畜的高质量蛋白质的需求日益增加，并影响生态环境，包括土地利用变化，生物多样性丧失，营养物质富集和温室气体排放等。新型牲畜饲料原料可以减轻上述影响。一种方法是用工业化生产的微生物蛋白喂养动物。用微生物蛋白取代 2% 的牲畜饲料，可以减少超过 5% 的耕地面积、氮损失和农业温室气体排放。是否使用特定微生物蛋白质生产系统，取决于温室气体排放和对土地利用变化的影响。由天然气或氢气产生的微生物蛋白质，可以减少用于生产的农田和耕种产生的负面影响，但需要大量能量。糖或沼气等以植物为主的原料产生的生态效益较少，且需要农业用地进行生产，可能增加氮和温室气体的排放。转换生产系统对人类生计的全球性影响尚不清楚。

12. 使用创新型保险产品保护自然资产，以分担成本和收益

可持续管理可以使生态系统为人们提供多种服务。人类正努力开发用于宝贵的自然资产的保险产品，与其它的保险计划并无二致，都用以保护财产，避免财务损失，并提供修复或恢复的资金。对自然资产投保以免受损失或损害，是新的发展趋势。在墨西哥，这样的方案用于分担保护中美洲珊瑚礁的成本和收益。墨西哥政府及当地酒店业主、保险业和大自然保护协会联合推出了沿海区管理信托基金的保险产品。信托基金有两个作用：一是为某一段珊瑚礁购买保险，二是保护珊瑚礁和当地海滩。根据达到特定风速时进行支付的参数化保险政策，信托机构应在严重风暴后提供资金用来恢复珊瑚礁和海滩。这种创新保险产品帮助保护并改善其他自然系统的健康水平，使人们持续获益。

13. 违背《蒙特利尔议定书》对全球生态治理的影响

平流层中的氟氯烃 11（CFC-11）是臭氧消耗力最强的化合物之一，其减少的速度远低于预期。这可能会减缓臭氧洞的逆转速度，导致地球接受的紫外线辐射量增加，对人类和其他物种产生负面影响。1987 年，国际上通过了关于消耗臭氧层物质的《蒙特利尔议定书》，对 CFC 的生产和使用实行了阶梯性限制，并最终在 2010 年颁布了全球禁令。最近，CFC 的增加趋势引起了人们的担忧，有非法生产的趋势。进一步调查证明，中国部分地区非法使用 CFC-11 制造建筑业使用的泡沫保温材料。《蒙特利尔议定书》可能是国际生态治理最成功的范例，但最近的事态发展使人们开始质疑多边协议实施的可行性。若不解决这一对规约的明显的挑战，未来全球生态治理的可信度将深受影响。

（摘译自 A Horizon Scan of Emerging Issue Global Conservation in 2019；编译整理：李想、赵金成、陈雅如；审定：李冰）

第四篇
林业公约动态和报告

联合国《可持续发展目标报告2018》涉林内容摘要

近日，联合国举行了关于可持续发展目标的高级别政治论坛（HLPF 2018），随后发布了《可持续发展目标报告2018》（以下简称《报告》），重点评估了目标6、7、11、12、15和17的进展情况，其中目标15的具体内容包括保护、恢复和促进可持续利用陆地生态系统、可持续森林管理、防治荒漠化、制止和扭转土地退化现象、遏制生物多样性的丧失。《报告》据此总结了目标15提出以来的进展情况，主要结论如下。

一是为遏制毁林，须全面实施可持续森林经营计划。全球森林面积持续减少，从2000年的41亿公顷减少至2015年的40亿公顷，仅2017年，全球热带森林就减少1580万公顷，面积与孟加拉国相当，巴西、刚果、哥伦比亚、印度尼西亚等国森林面积均大幅减少，主要原因是土地利用的变化，即林地被转化为农地。

尽管林地面积仍在减少，但近年来的减少速度已比2000—2005年下降了25%。截至2017年，全球76%的山区覆盖有某种形式的绿色植被，包括森林、灌木、草和作物。山区绿色覆盖率最低的是中亚（31%），最高的是大洋洲（不包括澳大利亚和新西兰）（98%）。

可持续森林经营已显出积极效果，已有更多的土地被指定为永久林地，可持续森林经营的规划、监测、利益相关方参与以及法律支持等辅助手段逐渐成熟。在全球范围内，受保护林地和有长期经营规划的森林比例正在增加。此外，2017年的数据显示，得到独立认证的可持续经营林地呈增加趋势。

二是更多的全球生物多样性关键地区正在得到保护。目前有15%的土地得到保护，但这并没有涵盖所有的生物多样性重要地区。2000—2017年，保护区对陆地、淡水和山区生物多样性关键地区的全球平均覆盖率均增加10个百分点以上，具体分别从35%提高至47%、从32%提高至43%和从39%提高至49%。欧洲和北美的平均覆盖率最高（分别为55%、63%和68%）。该地区保护生物多样性关键地区的陆地和淡水的年平均增长率也最高。大洋洲保护区对山区生物多样性关键地区的平均覆盖增长率最高（每年增长1%），自2000年以来总增长率亦为最高（19%）。保护生物多样性关键地区维持了关键性自然资产和生态系统功能，这些功能关系人类福祉并增强社区弹性（resiliency）。

三是土地退化威胁着 10 多亿人的生计。由于土地利用竞争加剧，土壤和土地继续退化，破坏了所有国家的安全与发展。1999—2013 年，约有 1/5 的地球地表植被显示出持续下降的生产力趋势，主要是由于土地和水的使用和管理。受影响的土地达 2400 万平方公里（相当于中国、印度和美国的面积总和），包括 19% 的耕地、16% 的林地、19% 的草地和 28% 的牧场。对于草原和牧场来说，全球范围内生产力下降的区域超过了生产力增长的区域。南美洲和非洲受生产力下降的影响最大：在一些干旱地区，土地退化后期正导致荒漠化。通过可持续的土地管理扭转上述趋势是改善居住在退化土地上的 10 亿人的生计和恢复能力的关键。

四是入侵物种仍是生物多样性减少的主要原因，尽管应对行动正在加强。根据红色名录指数，生物多样性的丧失仍在以惊人的速度发生。包括植物、动物、真菌和微生物在内的外来物种入侵，被认为是栖息地减少之外，另一个导致生物多样性大幅减少的重要原因，入侵物种对小型岛屿的发展中国家影响最为严重。作为应对，自 2010 年以来，为防止和控制入侵物种而立法的国家数量增加了 19%。此外，《生物多样性公约》缔约国中 3/4 的国家在其国家生物多样性战略中列入了相关目标。在接受调查的 81 个国家中，超过 88% 的国家由政府部门或国家机构负责管理入侵物种。然而，这些国家中有 1/3 以上没有为这一行动分配预算，也没有利用任何全球机制寻求资金。更严重的是，生物入侵的总体速度没有放缓的迹象，由于贸易和运输的增加，入侵物种的数量和扩散渠道都在增长。

另外，由于气候变化和当地影响造成的威胁日益增加，在所有评估种群中，珊瑚的灭绝风险增加速度最快。壶菌病是另一个令人担忧的问题，这种病正在毁灭许多两栖物种，并增加其灭绝风险。

（摘自 UN 网站 The Sustainable Development Goals Report 2018；编译整理：李想、赵金成、陈雅如、侯园园；审定：王永海、李冰）

联合国环境规划署发布《恢复森林和景观》报告

联合国环境规划署和国际林业研究组织联合会（IUFRO）近日发布了《恢复森林和景观：实现可持续的关键》研究报告，重点分析了森林和景观恢复的政策、实践、融资模式等，选取了部分国家的经典恢复案例。报告认为在全球土地退化的背景下，恢复森林和景观是改善土地状况的重要手段之一。报告共分为六部分，重点内容摘编如下。

一、恢复森林和景观的背景

土地退化是全球生态环境的重要威胁之一。据估计，土地造成的生态系统服务损失约占全球年生产总值的 10%，并对至少 32 亿人的福祉产生了影响。有研究显示，大约 20% 的地球植被表面显示出生产力下降的趋势，而气候变化有可能进一步扩大这种危害。到 2050 年，退化和气候变化可能使全球作物产量减少 10%，有些地区减产高达 50%。砍伐大量树木是退化的一个重要因素。虽然近几十年砍伐森林的速度已经放缓，但森林及其提供的服务仍在不断缩小。自 1990 年以来，全球已经失去了约 1.29 亿公顷森林——几乎与南非国土面积相当。

森林和景观恢复旨在重新获得生态功能、提高人类的福祉。森林和景观恢复本身并不是目的，而是一种恢复、改善和维持重要生态和社会功能的手段，能在长期带来更具弹性和可持续的景观。

森林和景观恢复是重要的解决方案。国际社会通过可持续发展目标和其他协定，致力于将使用和管理自然资本的方式纳入更可持续的轨道。森林和景观恢复已成为应对这一挑战的战略性关键因素。根据全球恢复森林景观伙伴关系的评估结果，世界上大约 20 亿公顷遭到砍伐和退化的林地具备恢复的可能性，其总面积大于南美洲。

大多数遭到森林砍伐和退化的土地可以进行"马赛克恢复"——森林和树木与农业、水道、保护区和定居点相融合。其他地区可能更适合封育森林的"大规模恢复"。拥有更多树木也能让农田和人口稠密的地区受益匪浅。已有研究通过一种综合、灵活及有效的森林和景观恢复方法，以及干预措施在世界各地为生计和环境（从沿海红树林和山脉到淡水湿地和集约耕种的农业区）带来了收益。这种方法的应用范围可以是单个农场，也可以扩展到整个区域规模。其为从国家政府和投资者，到民间团体和单一个人均提供了参与和受益的机会。

森林和景观恢复可以带来多重效益。一是直接的经济利益。例如，森林和景观恢复创造就业机会；农场和木材工业可以获得更高、更可持续的产量；能够避免修复洪水造成的基础设施损坏，减少湖泊和河流底泥清淤和过滤饮用水的费用。据估计，恢复全球 3.5 亿公顷退化土地和采伐迹地将创造高达 9 万亿美元的净收益。二是间接效益。包括水和粮食安全，生物多样性保护以及减缓气候变化等社会和环境效益。例如，森林和景观恢复以及其他自然方案为应对气候危机提供超过 1/3 的解决方案，且自然气候解决方案的投资更安全、成本更低、对社会更有益。三是森林和景观恢复促进利益攸关方接触了解并增强其实力。利益相关各方充分表达各自的需求，这样做有利于各方更容易达成一致，并获得社会资本的支持，实现整体利益最大化。

二、森林和景观恢复的原则

（1）保持和加强自然生态系统　森林和景观恢复不应造成天然林或其他生态系统的转变或破坏，而是加强森林和其他生态系统的保护、恢复和可持续管理。

（2）因地制宜选择方法　森林和景观恢复应采用适应当地社会、文化、经济，以及生态价值、需求和景观历史的方法。要鼓励将最新的科学成果和最佳做法，与传统和本土经验相结合。

（3）让利益攸关方参与并支持治理　森林和景观恢复使不同规模的利益攸关方（包括弱势群体）积极参与到有关土地利用，恢复目标和战略、实施方法、效益分享、监测和审查的规划和决策过程中。

（4）适应性管理　森林和景观恢复力求在中长期增强景观及其利益攸关方的复原力，恢复方法强调增强物种和遗传多样性，管理上注重根据气候和其他环境条件、知识、能力、利益攸关方的需求和社会价值观的变化进行适应性调整。

（5）注重多功能追求多种效益　森林和景观恢复旨在恢复整个景观中的多种生态、社会和经济功能，并产生一系列有益于多个利益攸关方群体的生态系统产品和服务。

三、森林和景观恢复融资现状及建议

（一）现状及趋势

森林和景观恢复的资金有所增加，但距离实现全球目标还有很大差距。据估计，到 2030 年实现 3.5 亿公顷的恢复目标需要超过 8370 亿美元资金。现有投资大部分来自于私人资源，政府和国际金融机构需要在今后提供更多的支持。

森林和景观恢复的经济效益远超成本。私人对森林和景观恢复的投资回报也可能很高。但对于私人投资者来说，景观恢复生态效益——如气候稳定或美学景观价值——市场化困难也降低了其投资吸引力。

当森林和景观恢复能够为私人投资获得直接的经济利益，例如可持续的更高的农业或木材产量，农业多样化/复原力以及相关产品的市场价格，就更能吸引私人投资。

生态系统服务补偿的市场发展，特别是通过森林和景观恢复创造或兴起的市场，对于吸引更多的私人投资至关重要。阻碍私人投资者的其他因素包括：具体项目法律、技术和财务可行性的风险；缺乏可行的投资项目；对项目发展的支持有限；以及发展中国家合作伙伴的能力有限。

解决这些问题对于扩大公共和私人投资的规模非常重要。这种情况与20世纪90年代的可再生能源行业有相似之处，当时风能和太阳能的投资被认为风险较大且缺乏明确的商业理由。在这种情况下，愿意带头的各国政府、创新型的新商业模式、消除不合适的激励措施，以及稳步下降的成本可为私人投资开辟道路，推动森林和景观恢复规模的扩大。

(二)建议

通过公共投资来创造森林景观恢复的价值链，能够创造就业机会，以促进当地经济增长并获得税收收入。这些收入可以反过来支持教育、卫生和基础设施等其他部门。为此提出五点建议。

(1)调整激励措施　包括使土地退化有利可图的农业补贴等激励措施，应转向鼓励提高现有农业用地的生产力或者为了生产目的恢复退化的土地。

(2)引入碳价格　将碳税或拍卖排放许可的收益分配给气候解决方案(如森林和景观恢复)将提高其减缓气候变化的有效性。

(3)撬动气候融资　气候基金应将森林和景观恢复纳入气候减缓和适应战略，并减少申请审批程序。

(4)减缓风险　例如，各国政府、开发银行和其他机构可以通过保险担保、税收抵免和第一损失资本降低私人投资者的风险。

(5)捆绑项目　合并项目将增加投资规模并增强流动性，同时通过多样化降低具体项目的风险。

四、森林和景观恢复的实践经验

实践经验主要分为影响范围、框架设计、公共投资、深化承诺四方面。

(一)影响范围的经验

(1)森林和景观恢复的决心须是全球性的，做法须是分散性的　各地政府都应建立和加强国家和地区的恢复工作。区域倡议能促进改善治理和决策，同时允许面对类似挑战的国家和利益攸关方分享经验并合力寻找解决方案。

(2)森林和景观恢复须被视为经济和环境的解决方案　森林和景观恢复项目要能够证明其收益远远超过成本，包括在农村地区创造就业机会。同样能证明增加树木能够如何增强粮食生产和生计，并消除恢复会造成森林与包括粮食生产在内的其他土地利用之间竞争的误解。

(3)森林和景观恢复的信息须到达最高级别的决策者　支持者须向诸如可持续发展高级别政治论坛，二十国集团和七国集团，以及区域政治组织和国家政府等机构说明森林和景观恢复的理由。最高级别的政治决策力对于将恢复主流化并实现全球恢复目标至关重要。这项工作应包括提升全球恢复森林景观伙伴关系，并确保其拥有必要的资源。

（二）框架设计方面的经验

（1）各国需要更多支持以实现其森林和景观恢复承诺　作出承诺的国家须得到更多支持，如更加强有力的指导、工具以及其他支持，助其将恢复原则应用于采伐迹地和退化土地。各国还须继续努力建立基线和标准（地缘和社会经济），以评估恢复工作是否正常并达到目标。

（2）须建立具有成本效益的监测计划　强有力的监测计划将帮助政府监督项目的实施，并衡量实现国内目标和国际义务的进展情况。系统监测可提供衡量成本和效益所需的一致的、可比较的信息，以便根据情况变化调整改进做法。

（3）技术、融资和能力支持须分散　随着实施的加强，应该对其增加支持，并更多地集中在具体实施的区域、国家或地方层面。

（三）政府投资方面的经验

（1）应增加公共资金　国家和地方政府应了解恢复退化森林和景观的多重益处（经济、社会和环境方面的），并在预算以及政策和计划中体现这些效益。低成本大规模的项目可侧重于自然再生。

（2）政策制定者须促进和激励私人部门投资　调动私人部门参与有利于缩小融资缺口，促进全球恢复目标的实现。

（3）公共气候融资应更易获得　虽然基于自然的应对气候变化措施提供了超过30%的解决方案，但其获得的融资却不到3%。为使森林和景观恢复更易获得融资，气候基金应简化申请流程并强调恢复行动。碳市场作为包括森林和景观恢复在内的自然气候解决方案筹集资金的新兴手段具有广阔的前景。

（4）能力建设和项目准备需要支持　投资需要投入项目准备，要为投资者（公共和私人）提供更多、更加安全的项目机会。此外，能力建设也需要更多资金，对于可与企业和政府合作的发展中国家的机构尤其如此。

（四）承诺方面的经验

（1）森林和景观恢复需要考虑到恢复收益和恢复面积　承诺应以人们获得的利益和环境与生态条件的实际改善为目标，并在恢复承诺与其在可持续农业、粮食安全、生计、健康的农村经济等方面产生的成果之间建立明确联系。

（2）各国应将森林和景观恢复纳入国家和地方政策及计划中　由于实施最终须适应当地需求和环境，因此需要将广泛的政策目标转化为针对具体成果的具体行动，如防止进一步毁林和退化以及促进恢复的行动。

（3）森林和景观恢复须是跨部门的努力　恢复须突破部门障碍，包括农业、林业、环境和财政部门间的障碍。这项工作需要以新方式在各个层面开展工作，包括景观一级。同时尽可能让研究人员、民间团体和私营部门参与其中。

（4）森林和景观恢复须包括广泛的利益攸关方　具有经济、社会和环境目标有效的恢复项目须包括广泛的利益攸关方，如学术界、民间团体、原住民群体、当地社区和私营部门。

（5）恢复须适合每个人，并具有长期性　虽然大规模的努力很重要，但许多小规模倡议在长时间内累积的影响也将对全球目标产生重大影响。公众可以在政府、专家、捐助者和国际机构（包括全球恢复森林景观伙伴关系）的支持下，仅通过某些个人行为的改进就可以推动可持续的未来转型。

五、森林和景观恢复的成功案例

（一）美国：为就业、野生动物和消防而再造森林

在科罗拉多州，美国林务局正在与一系列公共和私营部门开展伙伴合作，在安肯帕格里高原恢复23万公顷的森林。从伐木和放牧到干旱和气候变化等因素影响了这里的森林。研究表明，这些森林面临严重的野火以及昆虫和疾病的风险。

恢复工作正在减少这些风险及其对邻近社区构成的威胁，并确保清洁的水流入浩荡的科罗拉多河和下游定居点。项目正在改善本地物种（如科罗拉多州切喉鳟）的栖息地，同时还通过确保该州最后一家大型锯木厂的木材供应来创造就业机会。自2010年以来，已恢复或改善了超过12500公顷的森林。通过机械和计划性焚烧清除了不需要的植被，并帮助森林自然再生。已处理了约1800公顷土地的有害杂草。改善了1000多公里的小径，以减少侵蚀并改善娱乐设施。该项目平均每年创造或维持117个全职和兼职工作，带来400多万美元的劳动收入。该项目非常重视社区的参与。邀请青年和学校团体参与恢复工作并了解森林生态系统。大学和科学家参与了监测工作。私人土地所有者和企业被咨询和参与。

（二）巴西：让牛群远离河岸颇有成效

巴西丘陵地区的养牛牧民正采取行动保护圣保罗这座特大城市的饮水供应，与此同时致力于恢复3000公顷的农田和森林。迄今为止，他们已赚取了丰厚的利润。

埃斯特雷马市正在推行的生态系统服务付费项目，创造了私营企业无法提供的市场。除了清理水源外，干预措施使流域附近的树木覆盖率猛增了60%。埃斯特雷马和米纳斯吉拉斯州其他地区曾有很多森林，但现在这里是

肉牛场和奶牛场。由此导致的日益严重的土壤侵蚀破坏了水库水质，该水库为圣保罗大都市区的 1000 多万人口供水。

根据保护计划，农民正在河流沿岸种植本地树木以控制侵蚀。大约 17 万米的新围栏可防止牲畜践踏植被或在水中排便。这一水资源保护项目于 2007 年启动，是当时巴西实施的第一个此类计划。目前项目已与 100 多名土地所有者签订了合同，覆盖该市 90% 左右的土地面积。

项目针对每公顷恢复土地，每年支付土地所有者 118 美元。这笔钱既包括恢复工作所需费用，也包含对农场主所损失收入的补偿。合同还包括对残余小片森林和土壤保持措施的管理。有些农场用生物沼气池处理废水。其他农场修建了小型水库。国家水资源保护政策对于该方案的制定非常重要。政策支持流域委员会的成立，将当地利益攸关方聚集起来，并建立支付计划。为了鼓励农民参与，方案的管理人员为具体地块设计了定制的恢复计划，并为恢复工作提供了劳动力。包括国家水务局和私营公司在内的当局为该项目提供了资金，非政府组织提供了苗木。

（三）尼泊尔：塑造社区景观

经过尼泊尔的费瓦湖，朝着喜马拉雅山白雪皑皑的山峰徒步的游客正在欣赏美景。这是以社区为基础的景观恢复工作四十年来的成果。

除了支持博卡拉市周边的旅游外，土地和森林的绿化通过促进农业以及提供更多的薪材和清洁水改善了当地的生计。通过抵御冲击丘陵地形的季风降雨对土壤的侵蚀，恢复工作减少了进入湖泊的沉积物的量。总体而言，自 20 世纪 70 年代以来，费瓦湖流域的森林覆盖率增加了约 12%。

成功的关键是国家森林政策的支持。使当地社区获得使用森林资源的权利，这也是管理的动力。人们对于退化如何破坏农业产出和森林产品供应的日益关注也同样重要。

代表着 12000 多个家庭的约 75 个森林用户小组管理着社区林业系统约 2700 公顷的森林。在地方当局和非政府组织的支持下，社区种植了本地树种，并鼓励森林的自然再生。并制定了使用木材和饲料等资源的当地规则。农民在陡坡上开垦梯田，以进一步减少侵蚀。牲畜数量减少，并在畜栏中饲养，这使退化的土地得以恢复并成为可收获草的来源。农民可以把动物的粪便作为肥料而非燃料。妇女有更多的时间从事生产性工作，因为现在更容易收集饲料、木头和水。

（四）中国：南方红壤的示范性恢复

为庞大的人口提供充足的粮食是中国的头等大事，这意味着中国无法承受因土壤生产力下降的后果。这一担忧促使中国在红壤丘陵地区进行了长期的恢复工作，为人类和地球带来了巨大效益。

　　20 世纪 80 年代，由于森林砍伐和不可持续的耕作方式，中国南方红壤地区遭受了严重的土壤侵蚀。大片森林变荒地，山坡因侵蚀而开裂，土壤水分枯竭。为有效恢复红壤，科学家们在江西省泰和县灌溪镇的千烟洲建立了一个示范点。1982 年，该地区只剩下 7 户家庭，仅 11% 的土地得到利用。科学家们对此制定了土地使用计划，决定在山坡上部重新造林，山坡中部种植柑橘园，山谷培育稻田。山间的水坝会储存雨水。

　　在短短几年内，这种根据不同高度、不同地形进行土地可持续利用的方法迅速生效，为居民带来更高的收入。生物多样性、环境质量和区域气候都有所改善。截至 1995 年，当地家庭的数量增长了 10 倍，达到 70 户，人均年收入从大约 80 美元跃升到 350 美元左右。这一水平比没有实施该项目的临村高出 3 倍多。

　　截至 2000 年，另外 40 多个地点采用了"千烟洲模式"，覆盖面积达 2.67 万公顷，产生了数百万美元的收益。从那时起，这种模式通过将人工林转变为更接近潮湿亚热带地区的原始林，并通过引入家禽养殖使当地生计多样化得以加强和推广。该方法的一个关键因素是农林业：农民继续在恢复的果园中种植经济作物，如花生、芝麻和蔬菜。这确保了初期的经济回报，并有助于提高土壤肥力。除了修建水坝和池塘外，政府机关还向家庭提供贷款，帮助他们起步。

　　千烟洲的积极成果还取决于中国科学院、政府机关等机构（提供土地、人力和财力）以及当地社区之间的密切合作。这项工作使中国在短短十年内将森林总面积增加了 7430 万公顷。

　　（摘自报告 Restoring Forests and Landscapes：The Key to A Sustainable Future，编译整理：李想、赵金成、陈雅如；审定：王永海、李冰）

世界自然基金会发布《地球生命力报告 2018》

　　世界自然基金会 WWF 于 10 月 31 日发布《地球生命力报告 2018》，重点评估了全球生物多样性的最新状况。报告认为，大自然每年为人类提供约价值 125 万亿美元的服务，但人类正把地球推向危险边缘，生物多样性以触目惊心的速度消逝。地球生命力指数最新数据显示，野生动物种群数量在短短 40 多年内消亡了 60%，人类活动直接构成了对物种的最大威胁，包括栖息地丧失、退化以及对自然的过度开发。从现在到 2020 年，是具有历史性意义的决定性时刻，必须设立更高的目标、选取更科学多样化的评价指标、采取新的措施实现《生物多样性》公约的保护目标。报告由来自学术界、政策制定方、国际发展和自然保护组织的 50 多位专家共同完成，共分为四章，重要内容编译如下。

一、现状与趋势

生物多样性被描述为支持地球上所有生命的"基础设施"。生物多样性产生的自然系统和生化循环使我们的大气、海洋、森林、景观和水道能够稳定运行。简单来说，它们是我们现代人类社会繁荣存续的先决条件。

报告重点选取了地球生命力指数作为全球生物多样性状况和地球健康状况的重要指标，该指数由伦敦动物学学会（ZSL）提出，每两年通过 WWF 的《地球生命力报告》发布，通过计算全球数千种脊椎动物物种的种群数量衡量生物多样性的变化。地球生命力指数和物种栖息地指数、世界自然保护联盟濒危物种红色名录指数、生物多样性完整性指数一起，共同描绘了——生物多样性持续丧失的画面。

地球生命力指数最新数据显示，1970—2014 年间全球鱼类、鸟类、哺乳动物、两栖动物和爬行动物种的数量下降了 60%。而在两年前发布的《地球生命力报告 2016》中，截至 2012 年的下降数据是 58%。即在不到 50 年的时间里种群数量平均下降超过一半，且持续下降的趋势未得到缓解。

热带物种种群规模下降尤其明显，南美洲和中美洲种群规模下降最为严重，与 1970 年相比减少了 89%。淡水物种数量也急剧减少，与 1970 年相比，淡水指数下降了 83%。鉴于衡量生物多样性的测度（即地球上可以找到的所有生命种类及其相互关系）十分复杂，报告发现衡量物种分布变化、灭绝风险和群落组成变化等三个指标减少趋势明显。

二、威胁与挑战

当前生物多样性面临五大威胁，即栖息地的丧失与退化、过度开发、气候变化、污染和外来物种。其中气候变化带来的威胁虽日益严重，但生物多样性下降的最主要因素仍是对物种、农业和土地的过度开发和转化。自公元 1500 年以来灭绝的所有植物、两栖动物、爬行动物、鸟类和哺乳动物物种中，有 75% 是因过度开发或农业活动或在两者共同作用下而消亡的。当前物种灭绝的速度比人类活动成为主要影响因素之前的物种灭绝速度快 100 至 1000 倍。

此外，入侵物种是另一个常见的威胁，它们的传播与航运等贸易活动息息相关。通过农业污染、筑坝、火灾和采矿等产生的污染和干扰是额外的压力来源。气候变化正在发挥日益重要的作用，并已开始在生态系统、物种甚至基因层面产生影响。

除了已经存在的威胁，特别值得注意的是全球生物多样性已经或即将持续面临的压力和挑战，包括爆炸式的消费习惯、土地退化、海洋和淡水污染。由于对能源、土地和水的需求增加，人类消费的爆炸式增长成为我们正在经历的前所未有的全球变化的驱动力。生态足迹等消费指标展现了资源利用的整体情况。我们消费的产品、产品背后的供应链、产品原材料及其提炼制造流程，都对我们周围的世界产生了深刻影响。过去50年里，生态足迹——即衡量我们对自然资源消耗的量尺——增加了约190%。

最近的一项评估发现，地球上只有四分之一的土地没有受到人类活动的影响。预计到2050年，这一数字将下降到十分之一。湿地受影响最大，在近代已经损失了87%。土地退化的直接原因通常是地方性的，即对土地资源的管理不当，但隐形驱动力常常是区域性或全球性的，包括对生态系统衍生产品的需求不断增长，超出了生态系统不断下降的供应能力。

土地退化会导致森林消失。虽然全球范围内再造林和造林活动已使森林消失减缓，但一些具有地球上生物多样性最丰富的热带森林却在锐减。在46个热带和亚热带国家进行的一项研究表明，2000—2010年间，大规模商业性农业和自给型农业占森林转换约40%和33%。其余27%的森林退化是由城市扩容、基础设施扩张和采矿所造成。

这种持续的退化对物种、栖息地质量和生态系统功能产生了诸多影响。例如直接的生物多样性丧失（例如森林退化），对栖息地及生物多样性调节作用（例如土壤形成）的破坏；也包括一些间接影响，如通过对更广泛环境产生影响进而最终影响栖息地、功能以及物种丰富度与丰度。

海洋和淡水生态系统也面临着巨大压力。自1950年以来，全球近60亿吨鱼类和无脊椎动物遭到捕获。无论是海岸线、地表水还是马里亚纳海沟等海洋深处，全球所有的主要海洋环境中都受到了塑料污染。湖泊、河流和湿地等淡水栖息地是所有人类的生命之源，但却是受威胁最严重的地方，淡水栖息地受到一系列因素的严重影响，包括栖息地改造、碎片化和破坏、物种入侵、过度捕捞污染、疾病和气候变化。

三、对策建议

尽管众多国际科学研究和协定确认生物多样性的保护和可持续利用是全球重点工作，但世界范围内生物多样性仍在持续下降。自《生物多样性公约》目标等国际公认的政策承诺生效以来，自然系统表现不佳，生物多样性保护形势更加严峻（图1）。生物多样性战略计划（2010—2020年）包括到2020年要实现的 20 个爱知目标。最近的预测表明，大多数爱知目标都不太可能如期实现。

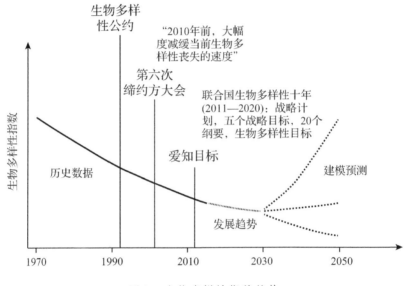

图 1　生物多样性指数趋势

为扭转生物多样性的衰退趋势，提出三点建议。

1. 必须设定更高的目标

随着两个关键的全球政策提上日程，即制定新的 2020 年后《生物多样性公约》和可持续发展目标（SDGs），扭转衰退趋势的唯一机遇出现了。当前《生物多样性公约》的愿景是"到 2050 年，生物多样性受到重视，得到保护、恢复及合理利用，维持生态系统服务，创建一个可持续的健康的地球，所有人都能共享重要惠益。"这一愿景是具体且可以实现的，足以成为 2020 年后生物多样性协议目标的基础。实现这一雄心勃勃的目标需要一套新的子目标，这些子目标应该更高，且在 2020 年之后依然有效，实现在 2030 年前恢复生物多样性并扭转生物多样性丧失的曲线。

2. 选取更为科学和多样化的评价指标

跟踪生物多样性的状况以及进展情况皆需要适当的指标。生物多样性评估需要在不同空间尺度和不同生态维度上采取多种措施。常用的不同指标捕捉到生物多样性的不同特性，它们对压力的反应各不相同。建议选取以下三个指标评价生物多样性。

（1）物种数量的变化　种群水平指标如地球生命力指数（LPI）很好地捕捉

了野生物种数量的趋势。

（2）全球尺度的灭绝率　物种受濒临灭绝风险威胁的程度由红色名录指数（RLI）估算。

（3）地区生物多样性的变化　生态系统的"健康"是否出现变化可以通过使用生物多样性完整性指数（BII）等指标，对特定地区当前存在的情况和曾经存在的情况进行比较来估算。

专栏-1　《生物多样性公约》和可持续发展目标框架中对 2020 年、2030 年和 2050 年全球生物多样性的承诺

《生物多样性公约》愿景：到 2050 年，生物多样性受到重视，得到保护、恢复及合理利用，维持生态系统服务，创建一个可持续的健康的地球，所有人都能共享重要惠益。

《生物多样性公约》爱知目标 5：到 2020 年，使所有自然生境（包括森林）的丧失速度至少降低一半，并在可行情况下降低到接近零，同时大幅度减少生境退化和破碎化程度。

《生物多样性公约》爱知目标 12：到 2020 年，防止已知受威胁物种遭受灭绝，且其保护状况（尤其是其中减少最严重的物种的保护状况）得到改善和维持。

可持续发展目标 SDG

SDG14 和 SDG15：到 2030 年"保护和可持续利用海洋和海洋资源。"（可持续发展目标 14）和"可持续管理森林，防治荒漠化，制止和扭转土地退化，遏制生物多样性丧失。"（可持续发展目标 15）。具体目标 15.5："采取紧急和重大行动，减少自然栖息地的退化，遏制生物多样性的丧失，保护和预防濒危物种的灭绝。"

---

3. 采取新的措施实现生物多样性保护的转型

情景和模型可以帮助科学家看清并探索替代行动如何影响自然、自然对人类益处和生活质量之间的动态相互依赖性。然而，我们面临的挑战是不仅需要确定能够恢复生物多样性的潜在途径，还需要实现必要的转型，在迅速变化的世界中、在气候变化的加速影响下为仍在增长的人口提供食物。因此，尽管传统的生物多样性保护干预措施，如保护地和物种保护规划等仍然至关重要，但各项行动还必须解决生物多样性丧失和生态系统变化的主要原因，如农业和过度开发。

总之，人类应从解决气候变化等其他重要全球问题的过程中吸取教训，政府、企业、金融机构、研究机构、民间团体和个人都可贡献力量。各级决策者需要做出正确的政治、财政和消费者抉择，以实现人与自然和谐共处。在所有人的共同努力下，这一愿景应可实现。

（摘自 Living Planet Report 2018：Aiming Higher；编译整理：李想、赵金成、陈雅如；审定：王永海、李冰）

拉姆萨尔湿地公约秘书处发布
《2018 全球湿地展望》报告

10 月 21—29 日，《拉姆萨尔湿地公约》（*Ramsar Convention on Wetlands*，以下简称《湿地公约》）第十三次缔约方大会在阿联酋迪拜召开，公约秘书处在会议期间发布了《全球湿地展望：2018 年湿地状况及为人类提供的服务》报告。该报告首次对世界湿地状况、发展趋势和面临压力进行了全面评估，被认为是大会最重要的成果之一。

报告强调全球湿地面积虽仍与格陵兰岛相当，但正在快速缩减，未缩减的湿地质量也受到严重影响，许多依赖湿地生存的物种面临严重的灭绝威胁。此外，报告还关注了湿地水质的负面发展趋势，以及湿地提供的约 20 种高质量生态系统服务（如提供清洁水源、生化产品、防治污染和侵蚀、改善局地小气候等），其规模远超陆地生态系统。保护及理性利用湿地对人类生计至关重要。湿地广泛的生态系统功能使其处于可持续发展的核心地位，然而政策制定者和决策者往往低估湿地对自然和人类的价值。了解湿地的价值及现状，对于确保湿地保护和理性利用至关重要。报告共分为四部分，现择要摘编如下。

一、当前状况和发展趋势

1. 范围

自然湿地面积减少，人工湿地面积增加，但全球湿地总体呈减少趋势。截至 2017 年，全球内陆和沿海湿地面积超过 1210 万平方公里，其中 54% 是永久淹没湿地，46% 是季节性淹没湿地。亚洲湿地面积最大，占全球湿地面积的 31.8%。然而，世界各地的自然湿地长期处于衰退之中。现有数据显示，1970—2015 年间，全球各类湿地面积共减少了约 35%，是森林面积减少速度的 3 倍。其中亚洲湿地面积减少约为 20%，拉丁美洲减少近 60%。相比之下，在此期间，以稻田和水库为主的人造湿地面积几乎翻了一番，占现有湿地总面积的 12%，但无法弥补自然湿地的减少。

2. 生物多样性

现有数据表明，依赖湿地的物种，如鱼类、水鸟和海龟正在急剧减少，其中热带种的 1/4 濒临灭绝。自 1970 年以来，81% 的内陆湿地物种种群和 36% 的沿海和海洋物种数量趋于减少。

几乎所有有评估数据的依赖内陆和沿海湿地生存的种群均受到威胁（占全球受威胁物种的 10% 以上），根据 IUCN 濒危物种红色名录，在依赖湿地生存的 1.95 万物种中，近 1/4 濒临灭绝。海龟、依赖湿地的大型动物、淡水爬行动物、两栖动物、非海洋软体动物、珊瑚、螃蟹和小龙虾受到的灭绝威胁最高（占全球受威胁物种的 30% 以上），且灭绝风险呈增加趋势。虽然水鸟受威胁的程度相对较低，但其种群数量长期处于减少趋势。只有依赖珊瑚礁生存的鹦嘴鱼、刺尾鱼，以及蜻蜓受威胁的程度较低。

3. 水质

水质整体恶化。自 20 世纪 90 年代以来，拉丁美洲、非洲和亚洲几乎所有河流的水污染都在增加，预计恶化情况将会升级。

主要威胁包括未经处理的废水、工业废料、农业径流、侵蚀和沉积物变化。到 2050 年，全球 1/3 的人口将使用含有过量氮、磷的水，这种水质会加速藻类生长和腐烂，导致鱼类和其他物种死亡。过去 20 年来，排泄物大肠菌群的增加造成严重的病原体污染，影响了拉丁美洲、非洲和亚洲 1/3 的河流。包括地下水在内的许多湿地呈盐碱度上升，危害农业生产。化石燃料产生的氮氧化物和农业活动产生的氨导致酸沉积。酸性的矿排放物是主要污染源。发电厂和工业产生的热污染减少氧气，改变食物链，降低生物多样性。目前至少有 5.25 万亿个非降解塑料颗粒在海洋中漂浮，对沿海水域产生巨大影响。近一半的经合组织（OECD）国家中，农用水的农药含量超过国家规定标准，危害人类健康，破坏生态系统功能并进一步降低生物多样性。

4. 生态系统进程

湿地是生物产能最高的生态系统之一。湿地通过水的汇集、储存和排放，调节流量并维持生命，在水循环中发挥重要作用。河道、洪泛平原和相连的湿地在水文系统中有重要作用，许多"地理上孤立"的湿地也很重要。然而，土地利用变化和调水基础设施减少了许多流域和洪泛平原湿地的连通性。湿地可以调节养分和微量金属循环，过滤污染物。湿地储存了全球大部分土壤碳，但未来气候变化可能使其成为碳排放源，尤其是在多年冻土地区。

湿地的碳储存、封存功能在调节全球气候方面发挥着重要作用。泥炭地和沿海植被湿地是大型碳库。盐沼湿地每年封存数百万吨碳。虽然泥炭地仅占地表面积的 3%，但其碳储量是全球森林碳储量的两倍。然而，淡水湿地也是温室气体——甲烷的最大天然源，尤其是在管理不善的情况下。热带水库释放甲烷，有时会抵消掉水力发电带来的低碳效益。

二、湿地减少的驱动因素

1. 直接驱动因素

理性利用湿地需要全面了解引发湿地变化的驱动因素，以消除湿地丧失和退化的根源。污水排放和转化、污染、物种入侵、开采行为以及其他影响水量和影响洪水和干旱频发等直接驱动因素导致全球湿地持续丧失和退化。

2. 间接驱动因素

这些直接驱动因素又受到能源供应、食物、纤维、基础设施、旅游和娱乐活动等间接驱动因素的制约。气候变化既是引起变化的直接驱动因素，也是间接驱动因素。因此，对于气候变化的适应和缓解措施可以在解决其他导致湿地变化的驱动因素方面产生倍增效应。鉴于气候变化在各个层面上具有不确定性，人口、全球化、消费和城镇化等全球大趋势也很重要。

三、应对方法

公约秘书处呼吁采取国际及国家层面的紧急行动，提高对湿地效益的认识，为其生存提供更多安全保障，确保将其纳入国家发展计划之中。大范围实施有效的湿地保护具有可行性，有效管理和公众参与至关重要。管理不可或缺，投资是根本，知识是关键。应对湿地危机的策略主要集中在以下七方面：

（1）加强国际重要湿地及其他湿地保护区网络 目前有 2300 多个湿地被认定为国际重要湿地，这令人备受鼓舞，但总体来看认定量仍然不足。必须制定并实施管理计划以确保其有效性，而当前只有不到一半的国际重要湿地完成了此项工作。

（2）将湿地纳入 2015 年后发展议程的规划实施 将湿地纳入更广泛的发展规划和行动中，包括可持续发展目标、巴黎气候变化协定和仙台降低灾害风险框架。

（3）加强法律和政策安排保护所有湿地 湿地法律和政策应跨领域地应用于各个层面，所有国家都需要国家层面的湿地政策。《湿地公约》提议的"避免－减缓－补偿"的顺序是重要的解决方式，在许多国家法律中均有体现。避免对湿地的不利影响比恢复湿地更为容易。

（4）实施《湿地公约》指南，促进对湿地的理性利用 已经制订了许多《湿地公约》指南，包括湿地生态特征变化报告、记载濒临消失的国际重要湿地的蒙特勒档案和湿地咨询项目等在内的湿地公约机制有助于明确并解决国际重要湿地在保护和管理方面面临的挑战。

（5）对社区和企业实施经济和财政激励措施 湿地保护资金可通过多种机制获得，包括气候变化应对战略和生态系统功能规划。消除不当激励措施具有积极意义。通过税收、专业认证和企业社会责任计划，可以促进企业保护湿地。同时，政府投资至关重要。

（6）在湿地管理中融入多样化观点 必须考虑湿地的多种价值。为确保决策的合理性，利益相关者需要了解湿地生态系统功能及其对人类生计和人类福祉的重要性。

(7)改进国家湿地资源清查并追踪湿地范围变化 知识有助于创新湿地保护和理性利用的方法,包括遥感和实地评估、国民科普以及乡土知识。识别并测量湿地效益指标和湿地变化的影响因素是促进理性采取政策及适应性管理的关键。

四、《湿地公约》的重要意义

《湿地公约》旨在促进湿地保护及其理性利用,确保湿地效益贡献于联合国可持续发展目标(SDG)、爱知(Achi)生物多样性目标、巴黎气候变化协定以及其他相关国际承诺。第四次《湿地公约战略规划》指导《湿地公约》的工作,着力解决影响湿地丧失的驱动因素,促进湿地的理性利用,加强《湿地公约》的实施,有效保护和管理国际重要湿地网络。《湿地公约》各缔约方已承诺维护2300多个国际重要湿地的生态特征,这些湿地的总面积近2.5亿公顷,占全球湿地总面积的13%~18%。

《湿地公约》定位准确,努力扭转全球湿地流失的现状。作为唯一关注湿地的国际条约,它提供了传递全球湿地相关目标信息的平台。事实上,湿地直接或间接地为75个可持续发展目标指标做出贡献。《湿地公约》的关键性作用之一是:作为联合国环境署可持续发展目标指标6.6.1的联合监管机构,上报国家报告中有关湿地范围的信息。《湿地公约》提供了促成合作和伙伴关系以支持其他国际政策机制的独一无二的平台,通过提供最佳有效数据、倡议和政策建议,使各国政府意识到实现湿地所有功能对自然和社会的益处。

(摘自 Global Wetland Outlook: State of the World's Wetlands and Their Services to People;编译整理:李想、赵金成、陈雅如;审定:王永海、李冰)

FAO 发布森林特许权自愿准则

联合国粮农组织(FAO)今日发布了首份热带地区森林特许权自愿准则——《让热带地区的森林特许权推动实现〈2030年议程〉:自愿准则》,该准则旨在加强森林特许权的透明度、问责性和包容性,以便最终实现维护全球最贫困和最孤立社区利益的目的。

森林特许权是国家与私营实体或当地社区之间达成的法律协议,它向后者授予在短期内收获木材或其他森林产品的权利,或者长期管理森林资源以换取回报或服务的权利。

在热带地区，被用于收获木材或其他林产品的森林有超过70%为国家或公共所有，且大部分公共森林通过由政府向私营实体或当地社区授予特许权的方式加以管理。

森林特许权在世界上很多极度贫困的国家已经存续了几十年，但它的作用并非总是正面的。根据新的准则，尽管森林特许权为偏远地区的人们创造了更多的工作岗位和更高的收入，但在很多情况下，它同时导致了大片森林的退化和权属冲突。

森林特许权可能会因多种因素的制约而得不到妥善管理：缺乏管理热带森林的充足技能；治理薄弱；过于复杂的规则和期望；因关注短期利益而导致过度砍伐；不充分的利益共享、侵权和不尊重当地人民的权利；没有经济回报。

新的自愿准则基于过往经验教训，旨在为如何通过特许权更可持续地管理热带地区的公共森林提供实用性指导。如果得到妥善管理，森林特许权可以：遏制森林砍伐并减少森林退化；促进提供生态系统服务并减少碳足迹以应对气候变化；确保可持续的森林产出和森林价值链的加强；创造就业和服务机会；创造地方和国家收入，以便投资用于改善森林的养护和健康状况以及社会服务的水平；最终为实现可持续发展目标作出实质性贡献。

新的准则具有以下三个突出的特点：

一是适合所有各方。准则提供了一套要求利益相关者在特许权的整个有效期内遵守的原则，还为下述具体利益相关者提供了专门建议：政府、特许权享有人、地方社区、捐助方、非政府组织。准则中还包括一项自我评估工具，方便利益相关者核实是否拥有实行可持续森林特许权的有利条件。

二是视野较新。自愿准则提供了有关如何从短期森林收获目标转向长期森林管理的建议，短期目标将导致森林退化甚至毁林，而长期管理将为真正在热带地区实现可持续林业发展奠定基础。为更长期和更综合地使用森林，准则提出了一些建议，包括：在收获木材和其他木制品的同时种植和收获农林业产品（草药、坚果树、果树和灌木）和农作物；补充商业上重要的树木，以避免其在将来灭绝；增加对造林的投资——积极管理森林植被，使森林得以持续发展。

三是借鉴了全球最佳做法，案例丰富。准则借鉴了全球最佳的森林特许权做法，并参考了300多位来自非洲、亚太和拉丁美洲区域的公共和私营部门的技术专家及民间社会代表的磋商意见。

具体案例包括以下几个方面：

(1)特许权减少了巴西的毁林现象　巴西2006年采用森林特许权，但已经取得了丰硕的成果，这证明了基于透明和监督原则的特许权有助于为以可持续方式管理的森林所生产的产品和服务打开市场，因此能够保护天然森林，进而为社会带来更大福祉。

（2）改善危地马拉农村社区的生计　危地马拉的公共森林特许权被授予社区和公司，适用木材和非木材产品。有一项特许权涉及340位社区成员，他们每人都直接因此获取了收益。特许权为他们创造的年均利润约为41万美元，或1200多美元/家庭。特许权还创造了1.6万个工作岗位，为社区成员带来了额外利益。

（3）增加森林面积——婆罗洲倡议　婆罗洲倡议是指于2008年建立的一个基金会，负责在印度尼西亚促进森林的可持续管理。该倡议为特许权享有人提供财政和技术支持，并将其与专家网络相连接，以便其在行使特许权的过程中能够获取指导。该倡议已经使天然森林覆盖面积增长了超过200万公顷。

（4）独立观察员制度——守护喀麦隆的森林　2001年，喀麦隆政府任命了首位独立观察员，负责监督违反森林法的行为，例如非法伐木，并为各方遵守森林法提供支持。这改善了森林治理，包括提高了透明度并完善了公共信息的披露，进而增强了主管部门的责任感。

（摘自FAO中文网；编辑：李想、赵金成、陈雅如；审定：王永海、李冰）

日本 2017 财年《森林与林业年度报告》聚焦五大主题

日本农林水产省近日发布2017财年《森林与林业年度报告》，报告分为六部分，聚焦五大主题，现择要摘编如下。

主题一：设立临时性的森林环境税（forest environment tax）

根据2018财年税制改革纲要，日本将在2019财年引入森林环境税，以便市政当局有财力开展适当的森林经营活动。森林在土地和流域保护、减缓气候变化等方面作用明显，其提供的生态系统服务价值已成为全民福利，在此基础上，日本决定开征森林环境税。

森林环境税作为临时税种将从2024财年开始征收，在居民税的基础上每人收取1000日元。从2019财年开始，将先征收临时性的森林环境转让税（forest environment transfer tax），用于与森林经营相关的活动，如抚育、人力资源开发、林业劳动力保障、促进由市政当局裁定的木材使用等。

主题二：日欧经济伙伴协定促进林产品出口

自 2013 年 4 月举行第一轮谈判以来，日欧经济伙伴关系协定（日本－欧盟环保局）的谈判于 2017 年 12 月完成。日本从欧盟进口主要林产品的关税，包括结构层压木材（structural laminated lumber）等，将在八年内逐步减少并最终取消。

主题三：区域内生态系统（intra-regional ecosystem）

日本农林水产省和经济产业省深入讨论了区域内生态系统的建设发展问题。在这种理想的生态系统中，森林资源作为一种能源和材料，通过热能和发电等方式，可被持续利用。同时，可保证林业工人充分就业。

2017 年 7 月，两部门对区域内生态系统报告进行了补充，最终结论是木质生物质应按照热量利用和热电联产的结算规模供应，其节能特性可以最大限度地提高当地社区的利润。

主题四：国家森林旅游

日本政府在国家森林中推出游憩林（recreation forests），旨在为人们提供在森林中欣赏美景和荒野景观的机会。截至 2017 年 4 月，日本共有 983 片游憩林。

自 2017 年以来，日本政府根据 2016 年发布的"支持日本未来的旅游愿景"（tourism vision to support the future of Japan），在农村山区社区推行游憩林。作为第一部，93 片森林被选为"壮丽景观林"（Japan's forests with breathtaking views），吸引了众多国内外游客。接下来，日本将开展其他类似的活动，如"乡村民宿"（countryside stay）等支持森林旅游的发展。

主题五：明治维新 150 周年背景下的林业史

2017 年是明治维新 150 周年。在明治时期（1868—1912 年），日本大量采伐森林用于工业化和现代化，大量出口木柴、木炭、铁路枕木等以换取外汇，从樟树中提取的樟脑油被广泛用作工业材料。此后，日本开始重视法治，先后出台了森林法和国家森林法，实施了森林保护计划，建立了现代森林和林业管理制度。在破坏地区再造林，并为木材生产而扩大了造林面积。第二次世界大战后，日本为恢复森林做了大量工作，当年栽种的人工林如今已为可采伐的成熟林，继续为日本的生态环境和经济发展做出贡献。

（摘自 Annual Report on Forest and Forestry in Japan：Fiscal Year 2017；编译整理：李想、赵金成、陈雅如；审定：王永海、李冰）

美国耶鲁大学发布《2018 年全球环境绩效指数报告》

近日，美国耶鲁大学环境法律与政策中心联合哥伦比亚大学国际地球科学信息网络中心（CIESIN）及世界经济论坛（WEF）发布《2018 年全球环境绩效指数报告》（*Environmental Performance Index* 2018，以下简称《报告》），围绕环境健康状况（environmental health）和生态系统活力（ecosystem vitality）两大领域，选取了 10 类共 24 个绩效指标对全球 180 个经济体进行打分排名，揭示了可持续发展的两个基本维度之间的紧张关系，即①随着经济增长和繁荣而提高的环境健康状况，以及②受工业化和城市化影响的生态系统活力。

2018 年《报告》创新了评价方法，其中环境健康占 40% 权重，主要包括空气质量、水质和重金属三类共 6 个指标：$PM_{2.5}$ 包括空气质量超标率、$PM_{2.5}$ 暴露时间（$PM_{2.5}$ exposure）、家用固体燃料量、水质卫生度（sanitation）、饮用水质量、含铅量等；生态系统活力占权重 60%，主要包括生物多样性和栖息地、森林、渔业、气候和能源、空气污染、水资源、农业等七类共 18 个指标。海洋保护地面积、全球生物群落保护状况、国家生物群落保护状况、物种保护指数、物种代表性指数、物种栖息地指数、森林损失率、鱼类存量、区域海洋营养指数、二氧化碳排放量和排放强度，以及甲烷、一氧化二氮、黑炭、二氧化硫、氮氧化合物等的排放量、废水处理量、氮的可持续管理量等。

结果显示，瑞士在各国中排名第一，总分为 87.42 分，在空气质量和气候保护上表现出色；美国以 71.19 分排在第 27 位，我国则排名世界第 120 位，总分为 50.74 分。总体来看欧洲和北美国家排名较高，在前 20 位中占据 17 席，高分国家一般在保护公共卫生、保存自然资源、并将温室气体（GHG）排放与经济活动脱钩等方面表现突出。

报告表明，世界各国在保护海洋和陆地栖息地方面取得了巨大进步，超过了 2014 年制定的国际海洋保护目标，而陆地栖息地则需要加强保护力度，建立更多的高质量栖息地以免受人类压力的影响。另外，许多国家在过去十年里降低了温室气体排放强度，其中 60% 的国家二氧化碳排放强度有所下降，85%～90% 的国家甲烷、氧化亚氮和黑碳排放强度下降。这些趋势为控制气候变化带来了希望，但必须加速减排以实现 2015 年巴黎气候协议的宏伟目标。

《报告》的排名反映了在应对普遍存在的生态环境问题等方面，哪些国家做得最好。从政策角度，通过数据深入分析特定问题、政策类别、同类国家的表现十分有意义，不仅有助于完善政策选择，了解生态环境进步的决定因素，而且有助于政府投资回报的最大化。

（摘自 2018 Environmental Performance Index—Global Metrics for The Environment：Ranking Country Performance on High-Priority Environmental Issues. 编译整理：衣旭彤、赵金成、李想、陈雅如；审定：王永海、李冰）

美国林务局总结 2018 年工作　聚焦五大主题

美国农业部林务局近日总结了 2018 年工作，认为在过去一年，林务局积极应对自然灾害，特别是有史以来最具破坏性的火灾等一系列挑战，同时着力改善森林生态环境，增加木材产量，促进农村繁荣，同时将服务美国民众放在工作首位。林务局长 Christiansen 说："林务局积极管理公共土地，增加服务和生产，为美国农村创造就业机会，支持经济发展。同时还致力于成为州和社区的好邻居。"2018 年聚焦的五大主题工作分别为：

一、提高森林质量

过去一年，林务局在 350 万英亩的林地上通过法定火烧（prescribed fire）和木材销售降低了火灾风险并提高了森林质量，改善了森林健康，其中木材销售总计达 32 亿板英尺。同时林务局还开展了流域治理行动，改善了 250 万英亩流域条件，生态系统和基础设施，为数百万美国人提供了洁净水。

林务局增加了农业法案（farm bill）的使用，包括 166 个好邻居协议（good neighbor agreements）和管理合同。这些努力巩固了与各州和合作伙伴的合作关系，改善了森林状况，保护了社区，创造了多达 37 万个工作岗位。

二、共同管理

林务局优先考虑与客户、合作伙伴和社区合作以实现共同目标。8 月，林务局公布了关于共同管理的新报告，提倡一种积极管理和经营森林的新方法。该方法将有助于重塑林务局作为好邻居的相关工作，与各州、合作伙伴、部落和社区建立更牢固的关系，以改善森林状况。西部州长协会（western governors association）接受了林务局的承诺，并与林务局长签署了谅解备忘录。备忘录确定双方将采用更加系统全面的方法来确定投资的优先顺序，使其产生最大的影响，并将共同商议明确优先事项，以解决投资领域存在的风险问题。

共同管理的另一项重要工作是教育培养下一代管理和保护好国家森林。

过去几年中，林务局通过宣教项目为年轻人提供素质拓展和教育机会。例如通过"公园中的每个孩子"项目（every kid in a park）筹集的 700 万美元私人和非盈利捐款，让四年级学生广泛参与户外活动，接触并享受森林。

三、消防资金

2017 年 3 月，美国国会通过了历史性法案，大大减少了从急需的管理工作资金转移支付消防费用，2018 年的消防资金超过了 20 亿美元。这项新的法案扩大了林务局在改善森林状况和减少野火风险等方面的权限。当新的筹资方案在 2020 财年生效时，林务局的预算会更加稳定，有更多的资金支持野外实地工作，以提高森林健康和弹性，同时保护社区、居民和周边资源。

四、改善客户服务

林务局采取了明确措施，通过系统现代化和新技术改善客户体验，加快特用审批程序，将许可证积压量减少一半。林务局也消除了矿产开发和能源生产的不必要障碍，有助于促进能源独立，创造就业机会和支持乡村经济发展。此外，还通过在基础设施和乡村宽带方面的投资扩大了接入范围。

林务局还改善了森林游憩工作，包括狩猎、捕鱼、徒步旅行等。为此实施了费用补偿项目，以促进营地特许经营者修缮相关设施。同时与其他 6 家机构合作，开发了一站式预定和行程规划网站，将于 2019 年正式启动。

五、监管改革

林务局修订了政策，简化了内部流程，以提高环境分析、林产品交付、能源开发、荒地野火控制等的管理效率。环境分析和决策制定方面的改进减少了近 3000 万美元的成本，同时减少了 10% 的分析时间。林务局还与其他机构合作，更新政策和流程，以便更有效地实施矿产开采和能源生产项目。在野火防控方面，林务局的改革在保护生命、财产和资源的同时，更好地根据风险和低成本分配资源。

（摘译自 U. S. Department of Agriculture Forest Service Reflects on Past Year's Progress；编译整理：李想、赵金成、陈雅如；审定：李冰）

第五篇

林业财税政策和生态产品

美国林务局发布《非木质林产品报告》

美国林务局近日发布了最新的《非木质林产品报告》，该报告由60余名科学家、专业人士和专家，以及美国其他州和联邦机构、非政府组织、部落森林利益相关者、私营企业、研究机构和美国的大学研究人员共同合作完成，重点分析了非木质林产品的生态、经济、社会和文化效益，以及气候变化和其他干扰(干旱、火灾、昆虫和疾病等)对非木质林产品产量和价值的影响，同时探讨了非木质林产品的法律法规和政策现状、面临的挑战等。

一、主要结论

非木质林产品(nontimber forest products)是指从森林中采集的植物和菌类等生物资源，具体包括真菌、苔藓、地衣、草药、藤蔓、灌木或树木。

美国非木质林产品市场比较发达。据估计，美国有20%～25%的人口采集非木质林产品是供个人使用，而采收工作在近四分之一的家庭林地上开展。该行业可以分为五个主要的细分市场：烹饪产品、医药和膳食补充品、装饰产品、苗木和园林绿化，以及美术工艺品。

非木质林产品对美国经济贡献巨大。2001年，四种草药和花卉物种(血根草、黑升麻、西洋参和毛茛)的市场价值已逾2500万美元。另外，非木质林产品也是林地所有者和无地家庭重要的收入来源。2018年，张伯伦等人利用林务局和美国内政部土地管理局的采收许可证数据和亚力山大等人2011年开发的方法估算了非木质林产品的总批发价值，2004—2013年的10年里平均值约为2.53亿美元。然而，因为许多产品在非正规市场上交易，并收集起来供个人使用，使得评估非木质林产品对经济的综合价值成为一项挑战。大多数非木质林产品的采收没有被跟踪监测和记录，因此几乎不可能对贸易量和价值进行全面而准确的估计。

美国非木质林产品的文化和社会价值不容忽视。非木质林产品对美国多文化的不同民族如印第安人、夏威夷土著、阿拉斯加土著和其他土著居民是重要的文化纽带，采集林产品已成为一种象征着丰收的文化传统。数据显示，在美国的一些地区，从事非木质林产品采集的人占总人口的16%～36%，采集者跨越年龄、收入和种族等不同人群，同时促进了居民在社区共管方面的参与。

气候变化对非木质林产品影响较大。温度和季节性的变化可能会改变美国各地非木质林产品的植物和真菌的生长环境。这可能会减少一些物种的种类和数量。气候变化将对供应量和生态活力产生不利的后果。例如，早春的到来可能会在传粉者出现或增加霜冻损害的风险之前就引起鸟类的迁徙，这些条件会阻碍结出果实，而无法适应气候变化步伐的物种，其数量将会减少，甚至灭绝。

美国非木质林产品的法律法规和政策尚存不足。一是管理非木质林产品的法律法规体系较为复杂，仅联邦层面涉及非木质林产品的法律主要有三部，即濒危物种法案、雷斯法案(Lacey Act)和国家环境政策法案，此外还涉及从地方到国家层面的管辖权，例如西洋参受到国际公约的监管；二是保护重点和方向不够明确，适用于非木质林产品的众多法律法规立法目的各异，通常不是为了解决这些重要资源的可持续管理和保护问题而制定；三是非木质林产品多元的利益相关方以及土著居民参与政策制定的程度尚不深入。

二、建议

(1)建立非木质林产品分类和产量跟踪系统，完善森林经营和清查系统

该系统将定期提供非木质林产品的采集量、采集地区位、价格和其他相关数据信息，以便更好地了解市场。同时应综合考虑非木质林产品的生态状况、生长量、栖息地环境和气候条件等，实现森林的综合经营，并将非木质林产品的生态、经济、文化价值纳入清查系统。

(2)提高非木质林产品的自然多样性　通过造林抚育即其他经营战略维持自然多样性是减轻气候变化对非木质林产品影响的关键，因此不应仅种植和经营一个或几个高价值的非木质林产品，应探索辅助迁移(assisted migration)等手段丰富多样性。

(3)进一步完善涉及非木质林产品的法律法规和政策　当前的法规倾向于限制人们获取非木质林产品，在一定程度上与可持续利用政策相悖，为重要的植物和真菌提供的跟踪和管理措施较少，因此需要更加统一的法律和政策来平衡非木质林产品的可持续利用和保护，特别是面对气候不确定性的情况下。

三、美国重要的非木质林产品

(一)西洋参(American ginseng)

西洋参是美国最受欢迎和最有价值的药用林产品，美国的西洋参95%出口到中国和其他亚洲国家。2012—2013年，野生西洋参的每磅干重价格为

400～1250美元，相比之下，在人工大棚种植的西洋参干重价格则要低很多，仅为12～42美元。自20世纪90年代中期以来，买家对木本种植和野生模拟西洋参的兴趣陡增，由于价值很高，盗窃造成的损失是森林养殖西洋参的主要威胁。

（二）毛茛（golden seal）

毛茛是另一种需求量很大的天然草药，主要销往北美和欧洲，20世纪90年代中期起需求增加，出于对野生毛茛种群数量的担忧，林地所有者被再次鼓励种植毛茛。

（三）其他

其他重要且广受欢迎的非木质林产品还包括香菇、熊叶草、白桦树皮、枫树糖浆、蕨菜、松子等。

（摘自美国林务局网站 USDA 及报告 Assessment of Nontimber Forest Products in the United States Under Changing Conditions；编译整理：李想、赵金成、陈雅如、侯园园；审定：王永海、李冰）

美国林务局启动木材创新基金以扩大木材产品市场

美国农业部林务局今日宣布，将启动近800万美元的创新基金，促进木材产品和木材能源市场的发展壮大。"木材创新基金项目"鼓励从国家森林和其他林地中清除有害燃料，以降低发生灾难性森林大火的风险，促进森林健康，同时降低森林经营的成本。

20个州的33家企业、大学、非营利组织和部落合作伙伴将另提供配套资金1300多万美元，使项目总投资超过2100万美元。

美国林务局长克里斯汀森表示，要想降低森林火灾风险、使森林更健康且具有更强弹性，木材创新基金是最佳解决方案。同时，通过奖励项目形成的公私伙伴关系，可以促进农村社区经济的发展。

之前的项目支持交叉集成材（CLT）的爆裂测试，使国防部决定在其基地酒店使用该木材；还资助了新建交叉集成材生产设施的可行性分析，以增加国产交叉集成材的数量。

2018年林务局共收到了119份项目申请，人们对木材的传统和非传统利用方式都很关注，例如：在新型建筑材料和可再生能源方面。自2005年以来，已有260多个奖励项目用于改善森林健康状况，创造就业机会，可再生能源投资和推动社区健康发展。

2018年获奖的34个项目中，有28个是扩大木材产品市场项目，6个是扩大木材能源市场项目。部分例子是：在交叉集成材面板中使用小径级木质材料，通过东北建筑市场促进使用集成材解决经济适用房建设，将木质碎片转换为可再生天然气作为燃料输出，使用杜松生物质和生物炭过滤重金属和管理暴雨导致的洪涝等。

2013年以来，项目资金帮助在22个州建立了木材能源团队，在8个州建立了木材利用团队，共同支持和扩大木材能源和木材产品市场。2018年，将在夏威夷和弗吉尼亚州再建两个州级木材利用团队。上述团队的成员单位包括了联邦、州、企业、非营利组织等合作伙伴。

（摘自美国林务局网站USDA Forest Service Awards Wood Innovation Grants to Expand and Accelerate Wood Products Markets in 20 States. 编译整理：李想、赵金成、陈雅如；审定：王永海、李冰）

国外最新林业财税政策及其启示

2019年是我国林业四项补贴政策实施的第10年，自2009年起，我国相继启动了森林抚育、造林、林木良种、森林保险保费等四项补贴试点工作，资金规模逾百亿元。相关研究显示，十年来林业补贴项目的生态、社会和经济效益显著，基本实现了森林资源增长和林农就业增收的目标，但仍存在补贴标准低、补贴惠及面窄、形式单一、管理不到位等问题，部分林农获得感不足。

本文通过总结分析典型发达和发展中国家最新的林业财税政策，归纳其经验和做法，特别针对精准扶贫背景下，如何将我国林业补贴与林农精准脱贫相结合，实现林业补贴效益和普惠面的最大化，为进一步完善我国林业补贴政策提出相关建议。

一、发达国家林业财税政策

（一）美国

其林业财税政策以税收政策为主，财政补贴和专项基金政策为辅，具体分为林业公益和林业产业两类①。

1. 林业公益事业

据不完全统计，美国联邦和州层面的林业财税和补贴约有六大类共近40余项②，其中近年来实施较好的主要有四项：一是生态防护林补贴，二是退耕还林补贴，三是造林补贴，四是森林资源保护税。

生态防护林补贴主要面向私有林主。例如，《华盛顿州森林指南》要求河流两岸必须保留60米宽度的防护林带。为弥补由此给私有林主造成的经济损失，华盛顿州政府按照防护林带的市场价值核算值的50%一次性给予补贴。另外，为了保护河岸缓冲区的植被，联邦和一些州政府共同启动了流域管理项目，为自愿放弃农业生产而进行植被恢复的土地所有者提供10~15年的财政支持。

美国的退耕还林计划即土地保护性储备计划（CRP）。由于美国农业用地超过了实际需求，该计划规定若现有农田原来是林地，则必须进行退耕还林。政府在5年的补贴期限内给予每公顷林地111美元的补贴。

造林补贴主要针对私有林。主要有三类：一是以提高森林资源和振兴林业为目的的"森林资源营造型"补贴，补贴标准为作业费用的60%~75%；二是以保护野生动物和改善自然环境为目的的"环境保护型"补贴，补贴标准为作业费的50%~75%；三是以应对气候变化为目的的造林固碳补贴，补贴标准为作业费用的60%，目前仅在5个州实施。

森林资源保护税主要是指收益税。1950年代以前，主要对林地林木土地和活立木价值征收财产税，但该税种缩短了轮伐期，过分刺激了森林的采伐利用，不利于可持续经营。之后美国进行了税改，将财产税改为收益税，即对采伐的立木价值和土地生产力价值征税，税率介于3%~12.5%之间。

2. 林业产业发展

主要有四项：一是所得税优惠政策，二是采伐税优惠政策，三是政策性贷款，四是财政专项基金支持政策。

所得税优惠是指对长期经营和培育林木者的销售林木行为征收边际税率较低的长期资本所得税。突出特色是，凡在私有土地进行更新造林的费用，均可在当年纳税时扣除，扣除金额不得超过1万美元。采伐道路的全部或部分投资以及采运设备也享受减税优惠。

采伐税优惠主要体现为美国有12个州制定和实施了森林采伐税法。森林采伐税收以再投资的形式有力地促进了当地林业的发展，为林业建设提供了

---

① 陈少强，贾颖. 林业财税政策的国际比较与借鉴[J]. 地方财政研究，2014(12):74-80.
② 吴柏海，曾以禹. 林业补贴政策比较研究[M]. 中国林业出版社，2014.

财政资金保障。例如，弗吉尼亚州将至少 50% 的税收用来支持森林保护和林业苗圃计划，其余部分仍由林业部门分配使用，阿肯色州将税收款的 97% 纳入州林业基金，密西西比州将 80% 的采伐税收作为林业奖励基金，而北卡罗来纳和南卡罗来纳州将全部采伐税收纳入州森林基金。

政策性贷款是为解决林业生产经营过程中资金不足、借贷困难问题，美国政府为私有林主造林提供年利率为 5% ~6.5% 的长期贷款。

财政专项基金支持政策。美国林业专项基金主要用于鼓励私有林主更新造林以及林业技术推广，资金大多来源于财政预算。主要包括更新造林信托基金、造林补助基金、林业项目奖励基金等。

（二）日本

截至 2017 年底，日本森林覆盖率高达 66%，其中 40% 为人工林，总蓄积量达 49 亿立方米。林业总产值约为 253 亿人民币。按照所有制形式可以划分为国有林、公有林、私有林三种。日本林业财税政策主要是支持林区建设以及林业资源保护、林业产业三个方面。

1. 森林资源保护和林区建设

资源保护财税政策主要针对防护林。日本自然灾害多发，因此政府十分重视防护林保护。政府对民有防护林免征固定资产税、不动产取得税和特种土地保有税，减征遗产税、所得税和法人税，延期交纳遗产税。对防护林造林给予年息 3.8% 的低息长期贷款和高于一般林地的造林补助。对私有林中具有重要功能的防护林，可由国家收买和经营。对私有林中因限制或禁伐的保安林及标准伐期龄 50 年以上的防护林所承受的经济损失，由国家和受益者给予经济补偿。

山区补贴主要是为了稳定山区居民，促进山区经济发展。日本《山村振兴法》将林地面积占 75% 以上，人口密度为 160 人/平方公里以上的偏远山区指定为"振兴村"，振兴村区位重要，但人口稀少，森林经营难度大。为此政府出台针对性的补贴政策，在造林、林道建设、治山、病虫害防治、优良种苗供应等方面给与财政补贴。

其他财政补助。日本政府还对一般造林、编制森林经营规划、造林整地工程管理和损失等提供资金补助。《森林法》对补助资金来源有明确的规定，补助来源以中央财政补助为主，地方财政补助为辅。

此外，日本还将新引入森林环境税，以便市政当局有财力开展适当的森林经营活动。森林环境税将从 2024 财年开始征收，在居民税的基础上每人收取 1000 日元。从 2019 财年开始，将先征收临时性的森林环境转让税（forest environment transfer tax），税收资金将优先用于与森林经营相关的活动，如抚育、人力资源开发、林业劳动力保障、促进由市政当局裁定的木材使用等。

2. 林业产业发展

其财税政策主要有四类：一是所得税优惠，二是遗产税优惠，三是其他税收优惠，四是政策性金融贷款。

林业所得税优惠政策表现为税基优惠、减征、免征三方面。例如，在计算山林所得税时，一切必要山林成本及自然灾害损失可以扣除。实施森林作业计划的经营者还可扣除相当于林木收入 20% 的金额，以及人均 50 万日元的免征额。国家征用的林地可扣除 5000 万日元免征；出售给国家或地方政府的用于国土保护的林地可扣除 2000 万日元的免征政策。

林木作为一项重要的资产，继承者接受林业资产时要缴纳遗产税。政府根据不动产价值和立木价值占课税遗产总价值的比例采取延期低息纳税措施。对于将全部或部分遗产捐赠给国家、地方公共团体或特定公益法人的遗产继承人，其捐赠部分全部免税。

其他税收优惠包括日本对林地免征地价税，对防护林用地的购入免征不动产购置税，对防护林及国家公园区域内的特种保护区免征固定资产税，对林业企业和个人所购买的林业用轻油免征轻油交易税，对从事林业生产的法人和个人免征营业税。

政策性金融贷款为解决林业建设资金不足的问题，日本建立了完善的贷款制度，共有农林渔业金融公库资金等六类，贷款资金来源以政府财政为主，采取无息或低息等方式，通过政策性银行给予支持。

二、发展中国家林业财税政策

(一)巴西

巴西是世界上森林资源最为丰富的国家之一，森林总面积和森林覆盖率都位居全球第二，但亚马孙森林遭到持续采伐和破坏。为扭转形势，加强保护，巴西政府出台了林业相关财税政策，主要有人工林培育、林业产业发展、林业扶贫补贴三类。

1. 人工林培育

(1)税收优惠　1966 年巴西政府颁布了 5106 号法令，对营造人工林给予税收激励政策，主要表现为：①法人企业免交 50% 所得税，其免交部分用于一次性造林。②在特定地区造林的企业，均可以从造林计划所得税中提取 25% 作为造林费。

(2)设立专项基金　巴西通过亚马孙投资基金、东北部投资基金和部门投资基金这三种全国性基金支持人工林培育。

(3)专项贷款政策　1966—1986 年林业企业和个人可以向政府申请年利率3%，偿还期为6年的造林贷款；利用本企业所得税投资造林的木材加工企业也可以享受政府的低息贷款政策。

（4）造林补贴　政府向中小农（林）场主免费发放幼苗，对达到一定规模的林业组织给予补贴，如圣卡塔琳娜州的林业规划中明确，造林 5 公顷以上，即可获得 200 美元/公顷的补贴。

2. 林业产业发展

巴西是重要的林产品出口大国，为发展经济，巴西政府对林业加工出口产品实行财税补贴政策，如免税、提供低息贷款和出口保证等。

3. 林业扶贫补贴

巴西是全球较大的发展中国家，世界银行的数据显示，截至 2017 年，巴西贫困人口为 5480 万，占全国总人口的 26.8%。鉴于林业在巴西经济中的重要地位，其环境部自 2005 年起出台了针对性的林业扶贫补贴，主要分为两类。一是对贫困人口进行直接转移支付，每个家庭支付 60~70 新克鲁赛罗，2005 年巴西政府发放的补助金额为 170 亿新克鲁赛罗；二是对环境服务进行计量，并征收相应的税费，对保护森林资源并提供环境效益的贫困土著居民及社区给予补偿[①]。

（二）印度

截至 2016 年，印度森林覆盖率为 21.34%。印度森林绝大部分属于国有，集体和私有林占比不到 5%。按照功能划分，印度森林可分为防护林、生产林、社区林和保护区森林四类。印度是世界上开展社会林业最早的国家之一。印度政府十分重视社会林业的发展，将其作为乡村发展的重要内容，并纳入国民经济总体发展规划。印度社会林业的类型主要有三种：乡村片林、联合森林经营、生态开发。因此，其林业财税政策分为三类，主要围绕社会林业发展设计，辅之以林产品外贸补贴和补偿育林基金。

1. 社会林业发展

（1）补贴政策　为了吸引无地农民和少数民族在村庄附近的退化林地或公有荒地上造林，印度林业局分给每户至少 1.5 公顷土地进行造林，并每月支付工资。农民还将获得林木采伐净收益的 20%。另外，在联合森林经营中，当地人拥有采集大多数非木材林产品的权力，对间伐享有 100% 的份额，对皆伐享有至少 25% 的份额。印度的林木培育者合作社联盟（NTGCG）还对符合一定要求的荒地造林给予 1.5 万美元左右的一次性资助。

（2）专项贷款政策　印度林业计划的资金通过国家农业与农村发展银行进行再融资。另外，对林农造林的，林业局每年给每个林农 250 卢比的无息贷款，且贷款期与采伐期相同。造林当年及前三年的管理费由林业局垫付，

---

① 董妍，林则昌，周艳伟，等．巴西林业发展与反贫困[J]．绿色中国，2006（3）:69-73.

林农获得收入后再偿还贷款和管护费。

（3）政府投资　印度对林业的政府投资主要采取项目形式，由环境与林业部负责管理实施，其他部门配合。比如，为了鼓励种植薪炭林和经济树种，印度实施"乡村薪材工程"、"小农户和贫困农民援助"两大社会林业项目。

2. 林产品外贸补贴

印度长期采用关税和非关税壁垒等方式保护国内林业产业。印度政府以长期合同的形式，以远远低于市价的价格向大型森林工业企业供应原材料。近年来，木材禁伐造成国内木材供应不足，印度政府对木材进口的限制有所放松。例如，原木和木片的进口关税税率从 100% 下调至 5% 和 10%。

3. 补偿育林基金

为提高森林覆盖率，2016 年 7 月，印度国会通过了补偿育林基金法案，将筹措 70 亿美元的资金给各邦的林业部门用于深入开展植树造林，资金由各私营企业和其他实体公司向印度政府缴纳，这些公司之前曾在 2006 年起被允许在林地上开展项目。

三、对我国林业财税政策的启示

我国现阶段的林业财税政策以补贴为主，主要包括林业工程补贴（退耕还林、天然林保护等）、森林（公益林）生态效益补偿、专项补贴（造林、抚育、林木良种、保险等）、林产品消费补贴等四类，税收政策则起到补充作用。综合分析发达国家和发展中国家的林业财税政策，对我国结合自身国情林情完善林业财税政策有如下启示。

（1）优化林业财税政策，规范补贴范围　欧美发达国家和印度及巴西等发展中国家均明确利用财税政策支持林业发展。我国应将林业补贴、专项基金和林业相关税收政策结合起来，形成互补体系。在林业补贴项目中，适当减少容易受到世界贸易组织（WTO）限制的"黄箱"补贴，例如我国对林产品特别是建筑装修所需木材进行的价格补贴等，提高"绿箱"补贴标准，包括退耕还林、天然林保护等。

（2）突出林业补贴对精准扶贫的影响　发展中国家如巴西的林业补贴中有类似的倾斜政策，我国的案例（专栏-1）也表明，一方面林业补贴高度影响贫困家庭的生计，且贫困家庭林木经营效益高于非贫困家庭，另一方面当前林业补贴政策的精准扶贫瞄准效率有待提升。

专栏-1 四川省林业补贴对贫困户生计影响显著

2018 年 8 月，国家林业和草原局经济发展研究中心会同四川农业大学对中央财政林业补贴政策效益进行了定点监测。调研点位于四川省雅安市汉源县和巴中市南江县，2017 年实现 GDP 总值分别为 76 亿元和 125 亿元，人均 GDP 分别约为 1.5 万元和 2.0 万元。两县均属于林业大县，森林覆盖率分别为 48.0% 和 68.8%，森林面积分别为 10.62 万公顷和 23.26 万公顷，林业补贴总额分别为 2358 万元和 2995 万元，其中生态公益林补贴占比较大，分别占补贴总额的 69% 和 88%。

调研组通过召开座谈会、实地考察、问卷调查、查阅资料、进村入户访谈等形式了解情况、听取意见，共召开座谈会 4 次，访谈 10 个村 193 户林农，其中贫困户 40 户，占样本数量的 20.7%。

结果显示，贫困户与非贫困户在林地、土地资源、劳动力配置、林业补贴投入倾向等方面均没有显著差异，但林业补贴并未向贫困户倾斜。非贫困林农户和贫困林农户均获得林业补贴金额分别为 670.45 元和 510.68 元，贫困户获得的林业补贴约为非贫困户的 76.2%。家庭总收入占比方面分别为 4.6% 和 9.8%，说明林业补贴对贫困户的生计十分重要。

另一方面，贫困户林农的经营效益相对较好。从亩均林业收入而言，非贫困林农户平均为 201.53 元/亩，贫困林农户平均为 394.72 元/亩，约为非贫困户经营效益的 2 倍。

综合分析显示，贫困户的投入产出比显著高于非贫困户，每投入 1 元补贴，贫困户和非贫困户的产出分别为 0.8 元和 0.3 元，贫困户约是非贫困户的 2.7 倍。

贫困家庭对林业补贴资金的利用效率显著高于非贫困家庭，因此可以尝试以下政策安排：①林业重点生态建设项目向贫困地区、贫困村和贫困户倾斜；②林地确权中可设立贫困户优先股，将林地资源向贫困户倾斜；③利用生态补偿和生态保护工程资金，在护林防火、天然林保护、公益林管护等生态保护用工中，将有劳动能力的贫困人口，优先选聘为防火和生态护林员；④成立以贫困户为主的专业营林队伍，由政府购买服务实现林业资源管护与贫困户脱贫致富的双向效益等。

（3）加强林业补贴效益评估 定期监测补贴区域内水土流失、土壤肥力、固碳释氧、生物多样性等方面的生态效益，特别是生态公益林补助、造林、抚育补贴等，完善生态保护成效与补贴资金分配挂钩的激励约束机制，加强对林业补贴资金使用的监管。

（4）大力探索林业税收政策 税收政策具有稳定性和长期性等特点，无论是发达国家还是发展中国家，均尝试过或正在尝试通过所得税、遗产税、财产税、资源税等支持林业发展和林区建设。我国当前应加大探索力度，逐步开征资源税、遗产税、碳排放税等，丰富林业发展资金筹集渠道，同时也可以通过税收，合理配置林业资源，促进发展。

（摘编整理：李想、赵金成、陈雅如；审定：李冰）

后 记

　　经过努力,《气候变化、生物多样性和荒漠化问题动态参考年度辑要》(以下简称《辑要》)与读者见面了。《辑要》密切跟踪国际生态治理进程和各国生态保护与建设情况,力图及时、客观、准确地搜集、分析、整理国际气候变化、生物多样性和荒漠化领域的重要行动和政策信息,供有关领导和管理部门决策参考。

　　此项工作得到了国家林业和草原局领导的亲切关心,得到了各司局及有关单位的大力协助和林业系统内诸多专家的悉心指导。在此谨向关心支持这项工作的领导、专家和有关单位表示衷心感谢!气候变化、生物多样性和荒漠化等问题覆盖面广,涉及内容多。我们工作肯定有不完善之处,今后会倍加努力,希望继续得到各界人士的关心和支持,对我们工作提供宝贵意见和建议。

国家林业和草原局经济发展研究中心

地址：北京市东城区和平里东街 18 号

电话：010-84239047

E-mail：dongtaicankao@126.com